改变的关键

高段位人生的8项修炼

[日] 大网理纱 著　　　　张岳 译

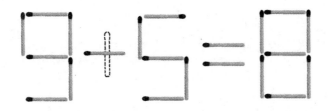

古吴轩出版社

中国·苏州

图书在版编目（CIP）数据

改变的关键：高段位人生的8项修炼 ／（日）大网理
纱著；张岳译. — 苏州：古吴轩出版社，2017.2
ISBN 978-7-5546-0875-3

Ⅰ.①改… Ⅱ.①大… ②张… Ⅲ.①成功心理—通俗读物
Ⅳ.①B848.4-49

中国版本图书馆 CIP 数据核字 (2017) 第 012709 号

OTONARASHISA TTE NAN DAROU.© Risa Ooami
Original Japanese edition published in 2014 by BUNKYOSHA
Simplified Chinese Character rights arranged with Mizunooffice
Through Beijing GW Culture Communications Co., Ltd.

责任编辑：蒋丽华
见习编辑：顾　熙
策　　划：王　猛
封面设计：浪殿阿鬼

书　　名：改变的关键：高段位人生的8项修炼
著　　者：[日]大网理纱
译　　者：张岳
出版发行：古吴轩出版社

　　地址：苏州市十梓街458号　　　　邮编：215006
　　Http：//www.guwuxuancbs.com　E-mail：gwxcbs@126.com
　　电话：0512-65233679　　　　　　传真：0512-65220750

出　版　人：钱经纬
经　　销：新华书店
印　　刷：三河市兴达印务有限公司
开　　本：880×1230　1/32
印　　张：7.5
版　　次：2017年2月第1版 第1次印刷
书　　号：ISBN 978-7-5546-0875-3
著作权合同登记号：图字10-2016-605号
定　　价：32.80元

目　录

PART TWO　改变交往方式

PART THREE　改变工作

PART FOUR　改变说话方式

PART SEVEN   反思自己的价值观

PART EIGHT   迎接转机的方法

结语

前　言

孩提时代的我们，会认为"大人"是一种了不起的存在，是如此难以企及。

家中的父母、学校的老师、街边的路人……他们跟我们是那样不同，以至于我们觉得，他们离我们无比遥远，与我们相比，他们不知道要高出多少个段位。

可是，在不经意间，我们也成了二十几岁的人，眼看着二十五岁、三十岁……一步步逼近，我们可以自由饮酒、支配金钱和时间，恋爱和结婚也开始提上了日程。

尽管如此，一旦你静下心来认真思考"现在的自己是成年人吗"这一问题时，你能挺直胸膛、堂堂正正地说一句"我是成年人"吗？

你早已不是孩子了，但说到"成年人"，你似乎还担不起来，离你所向往的"高段位人生"就差得更远了……

实际上，当你到了世俗公认的"成人的年龄"时，如果重新思考"怎样才算是成年人"，你就会发现，所谓的"成年人"，并不单单是以年龄来计的。

"长大成人"并不只是年龄、经历的增加，更重要的是"成人式"的思考方式与行动方法。而拥有"高段位人生"更是"长大成人"后，勤于思考和勇于行动的结果。

也就是说，只有具备"成年人"的做派、作为的时候，我们才能说自己是一名真正意义上的"成年人"。而"成年"之后，我们要努力完成从普通到优秀、卓越的跨越，才能成为真正的"高段位人士"。

举个例子，下雨的时候，你是临时从便利店买伞的人呢，还是随时关注天气、未雨绸缪的人？

还有，遇见让人发火、生气的事情时，你是善于控制自己的情绪，能够冷静应对，并愿意原谅对方呢，还是放任自己的情绪，随心所欲？

对于诸如此类生活和工作中司空见惯的事情，本书将从"高段位人士会如何处理"的视角重新梳理。并在此基础之上，进一步思考如何成为"高段位人士"、"达成高段位人生"的方法。

这就是本书的内容构成。

当然，对于写作本书的我而言，依旧有太多需要学习的地方。

所以，本书的主旨并不是我来教大家做什么，而只给出了"高段位人生的8项修炼"方法。

如果你能够按照本书提供的方法去实践，你或许就会拥有更加充实和卓越的人生。

衷心希望这本书能够对你有所启发，那将是我无上的荣耀。

大网理纱

PART ONE

改变习惯

01 积极行动:
用嘴角上扬替代叹息

"高段位人士"与"孩子"和"孩子气的人"的不同之处有很多。

体格的大小也许是一方面,同时,在知识量、处世方式等方面也存在差异。

在诸多不同中,要成为真正意义上的"高段位人士",最关键的一步,就是将自己的感情与事实区别开来，然后采取行动。

请回想一下，是从什么时候起，你能够客观、公允地评价自己了呢？

擅长与不擅长的事情，你都有；喜欢与讨厌的人，你也有；悲伤与欢喜的原因，你最清楚。

在了解了这些要素的基础上，能够与周围的人友好相处，才能真正成为一个"高段位人士"。

情绪低落，事情进展得不顺利的时候，人们往往将心事写在脸上，发之于声。

伴随着"真讨厌呀""不想做啦"之类的抱怨声，人们会叹息，会脸色阴沉，就连声音也会变得有气无力。如果一味地这样下去，人的心情真的会低落下去。

　　这时，最重要的是采取行动，在自己可控的范围内，阻止事态的进一步恶化。

　　在回应他人的时候，是用"好啊"还是"好"，虽然只是一字之差，给人的感受却截然不同。

　　无论心情多么沮丧、多么低落，都能微笑着说"好"的人，会让人更有好感，更愿意为其提供帮助。

　　就像俗话说的那样——"自己认为的性格，跟别人理解的性格是不一样的"。

　　看上去乐观开朗的人，实际上可能是"性格阴郁"或"不善与人交际"的人。

　　这样的例子，现实生活中并不少见。

可是，这样的人，哪怕再辛苦，也不会将辛苦写在脸上；无论多沮丧，也不会无精打采。

之所以会这样，是因为他们经历得多，学会了"不管面临何种境遇，都要采取积极的心态去应对"。

我们平常所说的"冷静"，就是指"不放任自己的感情，只按照合适的方式，采取积极的行动"。

请你静心细想，这样的自我意识掌控，你能做到吗？

有意思的是，一旦"按照合适的方式，采取积极的行动"，在不经意间，人的心情也会由坏变好。

心理学实验证明，只是"嘴角上扬"这个简单的动作，就能给大脑"快乐"的错觉，随后，人真的会快乐起来。

每个人的口头禅、表情、动作，在不知不觉间都会对自己和周围的人产生巨大的影响。

所以，我们需要重新审视家人、朋友、恋人、同事不经意间的行为。

不叹息，温和地讲话，只是这样，自己及周围的一切就会发生变化。

请采取以下行动：

用嘴角上扬替代叹息。

不要讲"好啊"，而是干脆利落地说"好"。

大声讲话，音调比之前提高一个分贝。

02 包容力：
多一分谅解，人生会有趣得多

还记得《悲惨世界》中的那段情节吗?

主人公冉·阿让，仅仅因为偷了一片面包而获罪，被关在监狱十九年。

出狱后，不管走到哪里，冉·阿让都遭受冷眼，最后是主教收留了他。

可是，冉·阿让却偷走了贫苦主教最珍爱的银盘。

第二天，宪兵来拘捕冉·阿让的时候，主教以"那个银盘不是阿让偷的，是我送给他的"为由为其开脱。之后，主教还将银盘送给了冉·阿让。

小时候，读到这段文字时的感动，我至今还记得。

主教救赎了冉·阿让。这之后，因为备受冷遇而对世人不信任的冉·阿让发生了巨大的变化，成了一个宽容他人的人。

迄今为止，这仍然是《悲惨世界》中我最喜欢的一段。

生而为人，都会遇到想发火的事情。

但是，不要放任情绪，而要学会宽容。如果想让对方悔过自新，就不要将注意力集中在"愤怒"上，而是通过别的方法，关注其本人。

这样做，才能有效地掌控自我，人生也会有趣得多。

一位女性说过这样的话："自己幸福的时候，对谁都能温柔以待。但真正温柔的人，即使在悲伤难过的时候，也会对别人和颜悦色。"

忙乱的时候，工作或生活中遇到重大挫折的时候，也能对别人报以温和的态度。这才是真正意义上的"大人"吧。

位于奈良县的法隆寺，是世界现存的最古老的木质建筑之一。关于法隆寺的魅力，建筑学家曾进行过这样的评述：法隆寺的魅力在于其"余白"之处。

之所以会这样说，是因为法隆寺的金堂与五重塔之间的空隙，"没有给人以压迫之感，而是营造了一种邀人入内的柔和氛围"。

初次听到这样的评述，我就感到其与人际关系有相通之处。

无论想接受何人，在最开始的时候，都需要"余白"。

家庭与工作接二连三地出现问题，日常中的很多事情都不能按照你的预期进行。

但是，面对这一切的时候，不要只是怒发冲冠，认为"既然发生了，就无计可施"。如果不积极思考应对措施，事情是无法向前推进的。

所以，要接受"事情不按照预期进行是很平常的"。这样一来，一旦问题出现，也不会惊惶无措。

不闹情绪，不让周围的人担心，这才是"高段位人士"应该做的。

当然，"宽容"与"纵容"是有区别的。要分清二者之间的界线也很让人头疼，但不管怎样，请先学会"宽容"，因为"宽容"更重要。

忽略自己的处境，可以对别人温柔地"宽容"的时候，就是向着"高段位人士"迈出的关键的一步。

请采取以下行动：

情绪不稳的时候，学会冷处理。

想发火的时候，深呼吸。

凡事要想通、想透彻。

03 持续成长：
向前一步，让梦想近一点

　　大多数人都认为："人，应该抱有梦想，有追求的目标。"

　　我也认为，梦想和目标在人的成长中具有非常重要的作用。

　　但是，也会发生"在追求梦想的过程中，找寻不到目标"的情况。很多人会因为没有梦想而感到焦虑、烦恼。

比如说，每次来听我演讲的人，很多都会有这样的困惑：没有目标，五年、十年之后，自己会是什么样子，根本就无法想象。

就我自身而言，虽然现在从事说话之道的培训工作，但之前担任过解说，还在航空公司、宾馆工作过，也做过礼仪讲师。

这些经历说起来有些奇怪，多少会让人感到不可思议。

了解过我的经历之后，有些人会说"原来你从学生时代起就已经进行职业规划了"，但根本不是这样。

大学时代，我的梦想是成为一名料理老师。为此，我将兼职挣来的钱都用在了学习做料理上。

虽然我不擅长说话之道，但因为一些意想不到的事情，居然慢慢也从事了与说话有关的工作。从给影视剧录制解说词开始，到 VIP 接待的工作，再到后来成为说话方法的培训师，所有这些都是偶然，没有一件是事先计划好的。

斯坦福大学的教育学教授曾这样说过："即使没有目标也没关系，因为拥有明确目标的学生只有千分之一。"

未来的事情谁也无法预料。

今天偶然的尝试，很有可能在若干年后成为自己的本职工作。

所以，无论做什么都很重要。只要是自己想着"要不要尝试一下的事情"，都可以"不管怎样也要去做"，或者是"先做一下看看好了"。

一旦着手去做，很多事情就会进入"既然做了，就继续做下去"、"再坚持一下"的状态。

如此一来，做事的人不就获得了进一步成长的机会吗？

一位从事婚礼策划的朋友告诉我，负责婚礼当天流程的女同事尽管会有"再也不要受这种折磨"的牢骚，但还是会咬紧牙关"再坚持一下"，因为"马上就好了"。

对这些"再坚持一下是不是更好"的人而言，是不存在"这样就好了"的概念的。

通过学习，我也认识到，不断取得进步的人，从来都不会认为"这样就好了"，他们会不断地朝着"更进一步"的方向去努力。

不轻易地断定"这样就好了"，而是一直追求"更进一步"、"更上一层楼"，这才是成长的根本诀窍所在。

即使没有伟大的梦想与目标也没有关系，因为最重要的事情是不断追求"更进一步"。

请采取以下行动：

马上开始眼前应该做的事情及自己想做的事情。

珍惜从中发现的目标。

任何时候都要记得"更进一步"。

04 放松：
善于转换自己的心情

很多人认为，"没有压力的生活"是一种非常舒适的生活方式。

但是不要忘记，"没有压力"的另一面是没劲、没有生气。

因为"渴望拼命努力"的想法也是压力的一种。如果没有了压力，不要说快乐、喜悦，就连同悲伤也无法感受。所谓的"没有压力"，竟是这样的状态。

也就是说，生而为人的我们，是需要压力的，没有压力是万万不行的。

所以，问题的关键不是压力，而是如何与压力相处。

之前，有一位企业家分享过自己的做法："工作累了的时候，我会回归家庭，陪伴家人。如果被私人事情困扰，我就会拼命地工作。这样做，会让我的情绪得到平复。"

日常生活中，总会有各种各样的问题出现，所以掌握高效的转换心情的方法就显得尤为重要。

那么，怎样做才能让心情得以转换呢？转换心情并不需要依靠外力，而要拥有属于自己的时间，即使非常短暂。

运动员在比赛、竞技之前，都会戴着耳机听些什么，或做一些特别的动作。所谓的赛前训练，也是通过做一些既定的动作来调整其心理。据说，这些都非常有效。

因此，在平常的日子里，我们可以用很多方法来转换心情：早上起床之后，在佛龛前合掌祈祷；换服装，换个心情；睡前跑跑步；烦躁的时候，做做瑜伽……诸如此类，任何一种都很好，只要能让自己转换心情就行。

另外，与三十岁、四十岁、五十岁、六十岁的人接触之后，我发现，只要是那些看起来赏心悦目的人，或者说是很有范儿、很成熟的人，都拥有一个特质——张力。

所谓的"张力"，是指人保有的一种节奏感，是一种非常好的状态，是一种适度的紧张感。拥有"张力"的人，不会被时间、年龄所累，他们总是处于一种精神饱满、昂扬向上的状态。

一位时尚达人说过，平常不注意着装打扮的人，偶然装扮一次，自己会觉得只有今天，自己才会这样做，别人也会感到哪里不对劲。

以往，只要说到"放松"的话题，哪怕是非常简单的方法，大家也会选择逃避。但是，要想保持适度的"张力"，做一些多少有些麻烦的事情是在所难免的。

没有"张力"，就不能做到真正的"放松"，不能舒缓心情。孰轻孰重，还请好好斟酌。有效地放松身心的方法，有效地保持张力的方法，都是人生的必备技能。

保持适度的张力，养成舒缓这种张力的习惯。做到这些，就能从容地面对生活的波澜起伏。

请采取以下行动：

停止依赖。

尝试做一些稍显麻烦的事情。

在"开始"与"结束"之间，举行一个简单的仪式。

05 时间的浓度：
在忙碌的空隙发现美好的事

　　生活中有这样一些现象，它是如此普遍，以至于不想让人注意到都不行："工作上的事情太多，没办法顾及家人"，"工作的原因，还请原谅我不能参加这次同学会了"。

　　因为工作繁忙，没有时间跟家人在一起，只能拒绝好友的邀约。尽管事实的确如此，但我认为还是不能都归咎于工作繁忙。

我在宾馆工作的时候，一位 VIP 客户讲过这样的话："如果我的部下告诉我，他因为工作没有时间恋爱，那么我会让他反思，是这份工作不适合他呢，还是他的工作方法有问题。"

以前的我也常常将所有的时间都用来工作，以至于连见朋友的时间都没有。那个时期，除了工作，我什么也做不了。

直到后来，听到这样的话："你说现在很忙，那么这种忙要到什么时候才能结束呢？现在的忙碌一结束，你马上会投入到下一件工作中，会继续忙下去。一旦你陷入了这样的恶性循环，那么你将永远都不会有空闲的时候。"

我愣住了。这段话唤醒了我，不然直到现在我还在忙呢。

当时，我就算去旅行，也会带着工作，但现在完全不会这样。

我是怎么做到的呢？说来也很简单，从一开始就不要陷入"不分时间、场合都工作"的日常模式。因为在地面上能够完成的事情，就没有必要带到空中来做。

于是就变成了办公室里的事情只在办公室里做。看看电影，听听音乐，尝尝美食……充分享受时间的做法才是"高段位人士"应该有的样子。

说些题外话。我的父亲精心栽植了一盆名为"月下美人"的花卉，虽然花期只有一个晚上，但养护起来是非常麻烦的。但只要认真培植，花开的时候，就能欣赏

25

到硕大、香气浓郁的美丽花朵。

之前，我对父亲一直坚持培育"月下美人"的举动并不理解，但现在可以理解了。

我非常喜欢的博物馆之一，是位于鸟取县的沙子博物馆。顾名思义，馆内所有的展品都是用沙子做成的。

也正因为这样，制作中的展品发生崩坏是很常见的事情。而且，做好的展品也不会永远保存下来，任何展品最终都会损毁。

尽管如此，制作者们为了将心中的设想落到实处，面对不知何时就会崩毁的展品，也会紧紧抓住每一个"瞬间"，倾尽热情地创作。

如此，不正是"高段位人士"利用时间的最佳方法吗？

总是听到这样的抱怨，"一天只有二十四个小时，根本不够用"，但就算时间再多也不会缓解时间不够用的问题。

事情的关键，在于时间的浓度。

就像"快乐的时光总是短暂的"那样，时间浓度的不同也会让人的感受发生变化。

请根据自己的实际情况，把握好时间的浓度。就算是一个瞬间，也会因为自己投入的热情、喜爱的多少而发生变化。这才是"时间"。

所以，不要总是"紧迫的、忙乱的"，偶尔"迂回、绕一下"也一样很快乐。一旦这样做了，人生的浓度也会随之发生变化。

　　忙忙碌碌地度过每一天，是很容易的事情。在忙碌的空隙，记得重新发现"瞬间"的美好。

　　请采取以下行动：

　　不要用"忙"作为借口。

　　休息的时候好好休息，保持张力。

　　珍惜休闲时光。

PART TWO

改变交往方式

06 吸引粉丝：
你也可以成为让人仰慕的人

二十多岁的时候，我在航空公司、宾馆从事接待工作，其中的业务之一是接待VIP客户。

虽然行业间的考量标准各不相同，但堪当VIP的人通常是日本皇室、政府要员和大企业的高管。

如此，平常所谓的"名人"都是VIP客户吗？答案是否定的。

并非所有的 VIP 客户都拥有非常独立的令人称羡的人格，但总的来说，他们都具备让人仰慕的特质。

工作中，我接触的大量 VIP 客户，都会仔细确认我的名字，见面的时候会称呼我"大网小姐"。另外，绝大多数人会时不时地对我表示礼节性的尊重，比如"每次都麻烦你，真是过意不去"，"你的播音真是太动听了"。

虽然这都是一些微不足道的事，但会让我和我的搭档感到高兴。当然不止这些，VIP 客户还有很多讨人欢心的方法。

一次，我因为个人事务，跟一位著名的指挥家一起用餐。

当我询问"要制作出像《爱乐团》一样有名的音乐，最应该注意什么"的时候，对方是这样回答的："这跟制作奶油泡芙是一样的道理。"

遇见如此幽默、亲切、令人仰慕的人，相信任谁都会对其产生好感吧。

这样的人，既有主见，也会关注常人不在意的细节，但轻易不会在人前展露。

他们给人的感觉，与其说是光芒四射的烈日之焰，不如说是一种安静的熠熠生辉。

安身于众人聚集的社会之中，谁都不能单靠自己一个人的力量而活下去。

意识到这一点，我们就会明白，要想在社会上立足，要想做出一番事业，单靠能力、才华是不够的。

我非常尊敬的一位大学教授曾经说过"我的工作就是记住各位的名字"。（身为学生的我们岂不是更应该这样做？）

优秀的人，正因为能抓住事情的根本，所以能坦然说出"即使目标实现不了也没有关系"。因为他们知道，就算不能达成目标，依旧有很多别的事情可以做。

与金钱、地位无关，这是一种发自内心的由内而外展现出的人格魅力。

我们应该努力成为这样的人。

与地位、金钱、特殊才能不同，将遇见的人变成自

己粉丝的人格魅力，是一种人人都可具备的资质。

请采取以下行动：

因为让别人快乐而感到愉快。

与自己的境遇相比，更在意对方的立场。

掌握不卑不亢的社交礼仪。

07 与难缠的人交往：
别轻易地讨厌别人

二十五岁的时候，我得到提拔——从普通服务员转为专门接待 VIP 客户。彼时，一位非常有名的前辈担任我的指导——他擅长以刁难的方式来逼迫新同事辞职。

接待的内容之一是广播，研修第一天的科目正是广播。

　　站在麦克风前面的前辈，将全馆的播音按钮打开了，随后说："听说大网小姐有播音的经验，能否指教一二呢？请进行演示。"说完，将麦克风递给了我。

　　确实，我在之前的工作中有过播音的经验，但是前辈当时并没有给我任何稿件，我根本不知道播些什么。

　　面对这种突发情况，我有些发懵。

　　前辈接着说："能做？不能做？快点做决定。"

　　拥有强烈正义感的我，决不允许自己受到这样的侮辱。

　　如此一想，我冲着前辈说："请让我来。"

　　我一把拿过麦克，开始播音。

现在想来，当时我的举动，在前辈看来，不啻为"初生牛犊不怕虎"。

尽管我有播音的经验，但初到一个新的工作环境，自己的资历最浅，如果稍微成熟一点，是不是说"我不是很了解，请告诉我操作方法"，要更好一些呢？当然，一起工作的同事之间都会存在各种各样的竞争。

人际关系是一面镜子。如果你认为对方很讨厌，不想与其来往，那么对方也不会喜欢你；相反，如果你很在意对方，那么对方也会珍惜你。

也就是说，你对对方的看法会影响到彼此间的关系。

能够遇见"良好的工作环境"当然幸运，但遇见合不来、难缠的人的情况要更多。

　　只要进入社会，就会因为工作而不得不与别人打交道，因此总会遇到一些必须圆满解决的棘手情况。

　　做过多份工作、应对过多种情况的我认为，主动发邮件跟对方沟通，或是邀请对方随便聊聊，总之采取一些更温和的接触方式，那么增进彼此间关系的可能性就会大大提高。

　　尤其是在女性多的工作环境，更是容易出现各种矛盾。

　　当然，如果你无论多么努力，都还是感到厌倦，那么换工作不失为一种好的选择。

　　但是，在最开始的时候，先不要讨厌对方。

　　人际关系是一面镜子。如果自己远离对方，那么对

方也会疏远自己。

请采取以下措施：

不要轻易地讨厌对方。

面对难缠的人，试着主动交流。

就算做不到"尊敬"，也要记得"尊重"对方。

08 赢得信任：
不要刺探别人的隐私和秘密

VIP客户的接待工作，内容非常繁多：迎接（从接机开始，到达停车场，进入电梯，送至客房，最后的送机）、饮料与餐点的供应、广播、接听电话等。

不只这些，专车与出租车的租赁，住宿时间与飞机时刻表的查询，还要随时准备回答客户的各种问题，比如"有陈酿的葡萄酒或者日本清酒吗"。竭尽全力满足客户提出的要求，比如客户说"请准备海鲜，螃蟹跟虾都需要"。如果客户需要的用品没有准备，就要马上安排，以最快的速度提供给客户。

虽然并不是什么特殊的工作，但要问"是不是谁都能做，只要认真就能胜任呢"，还真不是这么简单。因为需要注意的事情有很多。

其中，最重要的一点就是"保守客户的秘密"。

VIP客户中有很多日本政治家，他们会谈论很多重大的事情，这时候我需要做的是"装作听不见"、"听不明白"——虽然自己身在现场，但要像空气一样呈现一种透明的姿态。

如此，客户会因为"大网小姐不会跟外界透漏信息"而感到心安，同时也会更加信任我。这是日常工作中最重要的事情。

现在就算在私人聚餐的场合，听到一些意外的话，我都会想"是不是装作没有听懂的样子"要好一些呢？

私人的事情尚且如此，何况是工作的事情。所以，只要是客户的工作机密，就绝对不能泄露（要让客户相信：你一定不会泄露出去，不管在什么场合）——每时每刻都要拥有危机管理意识。

虽然不提倡撒谎，但能够理解"有些事情不能透露，所以需要善意的谎言"，才是身为"高段位人士"应该具备的常识。

只要谈论相关的话题，就有泄露信息的可能，所以只要是与此相关的话，就一点儿也不能讲，这才是万全之策。

　　人与人之间要想建立信任，需要充分了解彼此的事情，这很重要，但如果任何事情都想了解的话是不是有些过分呢？

　　也许有人会说，所谓的信赖，不就是百分之百了解彼此的事情吗？但真的不是这样。

　　朋友、家人、恋人，只要是长时间共同生活的人，彼此之间肯定会有重合的经历，但是，不管共同生活多久，一方总会有另一方所不知道的事情存在。

　　比如说对方的过去，还有隐私。就算有不了解的事情存在，也不需要强迫自己全部知晓，因为真正的信任是包含"不知道的部分"在内的。这才是真正的信任。

　　这件事讲出来可以吗？那件事不听行吗？这其中的距离是很微妙的。禁止入内的地方就不要擅自闯入。

让"秘密"成为"秘密"，这才是信赖关系得以成立的基础。

哪些话不可以讲，哪些话不可以说，能够做出准确判断的人才能赢得别人的信任。

请采取以下行动：

面对初次见面、了解不深的人，不要讲重要的事情。

不要刺探对方的过去跟隐私。

让对方自然而然地讲出想说的话。

09 面对争执：
有效地掌控情绪，才能解决问题

说一件糗事：我有过从工作现场逃跑的经历呢。

大学毕业不久，我在重大会议现场工作。来自客户的性骚扰，困扰着我们女性职员。

为此，身为女性代表的我决定与男主管谈判。

没想到，男主管的第一句话是："你们不能忍一下吗？"

虽然主管是因为不想引起纠纷而说出这种话的，但是，我无论如何也不会允许性骚扰这类事情发生。

谈判进行到最后，我抛下工作，跑了出来。我还穿着工作服，拿着对讲机。

当时夜已经很深了，遇不到可以帮我的人，所以我唯一能做的就是躲在消防通道的出口独自哭泣。

很快，对讲机传来呼叫声："你在哪里？"我弃之不理，无视它。

呼叫声继续："听不到吗？""请回到工作岗位。"

最后，我拗不过，还是回去了。

虽然我回去继续工作，但我没有原谅主管的所作所为。

不管他怎样道歉，怎样主动跟我打招呼，我都拒绝同他讲话。

终于，一位年长我五岁的女主管看不下了，对我说："你很年轻，所以非常反感这种事情。但是呢，我认为他（男主管）也在努力让事情往好的方向发展。你们双方都在为了圆满解决这个问题而努力。要记住，大家的出发点是一致的。另外，自从谈话之后，他一直都很担心你呢。"

她是在劝我，没有生气的必要。

事后，听说她是这样对男主管说的："理纱认为你可以帮助她，才决定跟你谈话的。虽然理纱的做法有些冲动，但是她刚刚步入社会，我们应该多提携她才是。"

在体谅我因为书生气十足而不能控制情绪的前提下，她出色地化解了这次纠纷。现在想来，她真的是一位"高段位人士"呢。

不管自己怎样注意，只要是与人有关的事情，发生矛盾和纠纷是在所难免的。一旦遭遇，就会有大事不妙的想法。

但是，这种时候，发牢骚、抱怨并不能解决问题，真正需要做的是向朋友或同事请教："这样做可以吗？"

只有这样，才能化悲伤与艰辛为有益的经验。

回避不能解决纠纷，重要的是，如何化纠纷为自己的宝贵财富。

请采取以下行动：

不要因情绪激动而口不择言。

要体谅对方的心情，不要只讲所谓"正确"的话。

拉锯战的时候掌控好时间。

10 成为VIP：
最重要的人就是身边的人

一说起改变人生，很多人首先想到的是"要做一件重大的事情"，认为"如果不挑战特别的事情就不能改变人生"。

然而，人生并不是被特别的事情改变的，而是被我们身边的人改变的。也许大多数人都不同意我的想法，但我本身的经历就是一个很好的例子。

我曾做过一个调查问卷："正义的人，为什么能守护地球呢？"

得到的回答是这样的："因为他们能守护每一个具体的活生生的人啊。不珍视小世界的人，是无法珍视大世界的。奥特曼、面包超人在守护地球的时候，也是努力地保护着地球上的每一个人、每一件物品。就算是一条非常小的街道，也不会轻易放弃。"

刚开始做 VIP 客户接待工作的时候，我认为所谓 VIP，是一个与自己没有关系的群体。

但是，VIP 是 Very Important Person 的缩写，意思是"非常重要的人"。

也就是说，他们是"对你非常重要的人"，所以才会成为 VIP 客户的呀。

并不是遇见特别之人、学习特别之事，而是自己身边的人，更有可能改变自己的人生。

意识到这些之后，很多意想不到的幸运、机会都来了……正因为这样，我的人生才得以改变。

自己周围的小世界，家人、朋友、同事，只要是与自己有关的人，都应该珍视，这是非常重要的事情。

高中毕业的时候，班主任送给我们一首《面包超人》的作者柳濑嵩所写的诗歌：

从生到死，我们会与很多人相遇

感觉不可计数，实际上却寥寥无几

其中，可以被认为

"与其相遇真好呀"的人

即使只有一位

也是非常幸福的事情

与你相遇

真好

与你在同一时刻

呼吸着同一个地球的空气

真好

这是我想告诉你的

根据《生命中的过客》(千仓书房)一书的统计，我们的一生会遇见五万个人，其中能记住三千个人的名字，但名字跟脸能对上的只有三百个人，能称得上朋友的只有三十个人，成为至交的则只有三个人。

也就是说，我们的一生，尽管会与无数人擦肩而过，但真正的有缘人却是少之又少的。

从这个意义上来说，无论是自己非常喜欢的人，还是非常讨厌的人，能遇见，本身就是一件很有缘分的事呢。

这种缘分并不是自己单方面终止就能终止的。即使有时候会因为分离而疏远，但很快就能回到从前，所谓的"一生纠缠"就是这个样子吧。

分开的时候，彼此各忙各的，偶尔会感到"已经很久都没有见了，如今在哪里呢"，可一旦收到"好久不见"的邮件，还是会非常开心。

如果你发邮件问对方"最近还好吗"，收到对方的回复"你能想起我，我很高兴呢"，单是看看都会乐上好一阵子。

不管时代怎样变化，维系人与人之间关系的根本依旧是"对彼此的关心"。

能够改变人生的，不是那些不知身在何处的人，而是那份珍视自己身边人的心意。

请采取以下行动：

不要无视别人的小小的请求。

试着联系昔日旧友。

别人生日那天，不要吝惜庆祝。

PART THREE

改变工作

11 专业意识:
时刻保持胜任的姿态

很多业界的专业人士、教师以及渴望让自己变得专业的人,都会参加我所开设的讲话培训课程。面对那些渴望让自己变得专业的人,我会特别强调"专业意识"。

课堂上,我经常会这样讲:"如果你只是想比别人更擅长讲话,或者只是出于兴趣爱好的话,那么做到七十分就足够了。但是要想达到专业水平,就必须付出一百二十分的努力才行。”

之所以会这样强调，是因为在我在“专业意识”不强的时候，发生了一件事情。至今回想起来，都犹如经历了一场噩梦。

尽管学员们可能不同意我的观点，但我仍然尽可能地在每一堂课上都阐述一次。

那是我大学时代的事情。当时，我在一个演讲大会中兼职。有一次，我听到组织者询问“有谁可以进行场内播音”，便立刻举手示意“我可以，我可以”，尽管当时我一点经验也没有。

那个时候，仅仅因为朋友称赞了一句“你的声音很好听”，我就开始憧憬从事与声音有关的解说工作。我天真地认为，虽然自己没有经验，但只是读一读写好的文章，肯定能胜任的。

结果可想而知，我完全做不来。

对此，在场的每一个人都只能是仰天长叹。我的拙劣程度，可以用"让人目瞪口呆"来形容，大家都懒得跟我生气了。我第一次知道，原来别人不对你发火，你会感到更难受。

那件事情之后，我几乎不想在人前讲话了。很久之后，我想起这件事情，依旧心有余悸。

但是，与此同时，我也意识到：外行再怎么能干，跟专业人士 也是有区别的，只要自己不是专业人士，就无法胜任相关工作。

之后，我一直关注"专业意识"的重要性。

直到现在，我也认为，工作中最重要的是，必须拥有"专业意识"。多亏了这件事情，我对个人事情的态度也发生了变化。

不管何种行业，只要是专业人士，都不会满足于现状。

2014年，银座一家名为"数寄屋桥次郎"的寿司店连续七次获得米其林三星的荣誉，已经八十多岁的店主小野二郎依旧坚持工作。

为了保护双手，每次外出的时候，他都会戴上手套；为了不让味觉退化，他从来不喝咖啡。他所追求的是"工作中的道"。

最让人惊讶的是，他认为："如果要说自己做的寿司什么时候开始接近理想状态，那么答案是七十岁以后。"

听到这种穷极一生都在追求"道"的事时，我唯一
能做的就是反省自己"太不成熟了"。

"胜任"是一件非常重要的事情，需要时刻谨记在心。

**追根究底、不断突破的姿态，才能让自己在"专业"
的路上更进一步。**

请采取以下措施：

做事没有常性，是一件很不好的事情。

不要自欺欺人。

不要因自己的技术、经验、业绩而骄傲。

12 聚精会神：
沉浸在自己的内心世界

我在一家广告公司担任配音时，发生过这样一件事。

那天，我本来只是担任饮食店广告的解说（只使用声音），但当我到达拍摄现场后，事情变了：我需要出镜。

"请一边优雅地吃着鸡肉串，一边说真好吃！"

十串烤好的肉串摆在了我的面前。

我很珍惜当时的工作，没法拒绝。很快，拍摄就开始了。相机凑了上来，很多人开始围观……我感到难堪极了。

NG不断。九、八、七……虽然肉串在减少，但一条也没过。更要命的是，手一抖，调味汁放多了，肉串辣得厉害。使劲一咬，汁液四溅，落得到处都是，我的双手也变得黏糊糊的。并且从第八根开始，肉串都凉了，于是出现了这样的一幕：我说着"真好吃"，但根本咬不动肉串。

之后依旧是NG。直到最后一根的时候，一直站在摄像旁边的一位社长悄悄对我说："抱怨环境是没用的。记住，在这里，你是最专业的哦。"

原来，他看透了我内心的抱怨："我的工作是解说，我根本不了解摄影是怎么一回事。"

结果，最后一条，完美通过。

跟模特朋友一起吃饭的时候，她说过这样的话："不习惯走秀的新人，就算摆拍也不会令人满意。因为，如果本人感到难堪、不好意思，那么观看的人也会拘谨起来。"

她的话，我直到现在才能真正理解。回想当时，我还不够"专业"。

根据现场的具体情况随机应变，将自己的注意力集中起来，才是"专业人士"应该做的事情。所以，需要具备不依赖环境的强大心理。

我的一位朋友是钢琴老师。我有幸观看了她的现场录音。

刚刚还一直跟众人嬉笑打闹的朋友，一听到"现在开始录音"的指令，马上就变了。完全是一副"专业"的姿态，表情、动作，完全像是另一个人。

这样的录音，当然是一次就通过。录音结束，她马上又变成了那个爱说爱笑的朋友。

我本来还担心，她会不会因为有熟人在而感到不好意思。但完全没有关系，她能掌控自己的世界。她的那种专注与投入，让人心生敬意。

不管什么事情，不管什么环境，都不抱怨，不半途而废。只是专注于眼前的事情。这才是真正的"专业"。

永远不找借口，是做到"永不厌倦"的强大法宝。

请采取以下行动：

不依赖环境。

一旦发现自己在寻找托词，马上自我批评。

让自己进入"不得不做"的状态。

13 果敢决断:
根据自身情况做最合适的选择

　　每当有人跟我倾诉烦恼的时候，我都会告诉对方:
"迷茫无措、犹豫不决是件好事。"

　　我二十五岁的时候，最烦心的是工作。虽然知道这样下去是不行的，但对于究竟怎么做依旧摸不着头脑，烦闷的生活一如既往。

如此过了五年，我三十岁的时候，居然遇到了同样的困扰。

但是，这时的我感到了些许的不同，因为遇到的是跟二十五时一样的问题，内心感到了一丝丝的安稳。

因此，就算一下子找不到解决的方法，也不再焦虑。与之前的忧虑时期相比，现在的我可谓成长了一大步。原来，这就是所谓的"人生转折点"啊。

如果反过来看，迷茫的时候，不正是"巨大的成长的机会"吗？

只是，迷茫的时候，常常会感到闹心，于是就容易依赖、模仿他人，因为自己无法做出决定。

我也经常会犹豫，拿不定主意，既不知道自己能否做出正确决定，也恐惧于自己的没主见，于是非常渴望别人可以帮自己一下。

但是，现在我认为，这样是非常不好的。

如果说人在何时会后悔的话，那么答案不是"做出错误选择的时候"，而是"自己无法做出决定的时候"。

因为不是自己做出的决定，而是别人的选择，结果非常糟糕，并且不可挽回。

如此，即使人生幸福，也会没有滋味。

读历史书，我发现了一个有趣的现象：战斗的时候，如果一个武将总是摇摆不定："这样做能战胜对方吗"，"还是应该那样做呢"，与那些心态坚定的武将相比，不管他最后是胜是败，都不会名留青史。

"直到有十足的把握，才跟众人一起采取行动"，是不可取的。

那么，要怎样做才能培养决断力呢？很简单，从日常的小事决断做起，日积月累，就练成了。

比如，选择餐厅的时候，不要说"随便"，而要经过认真比较，做出选择——给出自己的建议。如此这般的小决断积累是很重要的。

需要注意的是，所谓"决断"，并不是"一定要做出正确的选择"，而是"根据自己的具体情况给出最合适的选择"。

结合自身实际，将问题当成课题来思考，绞尽脑汁、思前想后。只要想明白了，烦恼自然就没有了。

之前，我曾考虑过要不要辞掉现在的工作。

"继续工作，不会后悔吗"，"辞职的话，不会反悔吗"……前前后后想了很多，最后决定继续工作。因为想通了，我不再烦心。

迷茫让人痛苦，即使痛苦，也要坚信总能找到答案，继续前行。这才是"高段位人士"的生活之道。

请采取以下行动：

不要让别人帮自己做决定。

不是"正确"答案，而是"最合适"的选择。

想通之后，烦恼就会烟消云散。

14 对抗压力：
有意识地保持紧张感

日常工作中，我们会因为担心结果而感到不安、焦虑。即使有了好的结果，也会马上感到其他压力。

正像"U形曲线法则"展示的那样，人在非常高兴、快乐的时候，会遭遇突然而至的不安。即使做了万全的准备，也会怀疑自己能否做到。人的情绪不是稳定不变的，而是像曲别针的形状那样，在峰谷与峰底间循环。

这样的恐怖心理无法消除，除了忍受，别无良法。

每当感到压力的时候，我都会想起一句话来。

前些日子，我有幸参与了婚庆行业精英们的聚会。聊着聊着，就说起了这个话题："明天要做一件压力巨大的工作，今晚能睡着吗？"

一位专业摄影师说："因为没有实战经验，无从想象，以至于焦虑得做梦都在做准备。"另一位销售主管说："因为担心迟到，一晚上都不敢合眼。"

尽管压力如此巨大，但是与其好好相处的方法还是可以掌握的。

对此，我给出的建议就是"日常中保持适度的紧张感"。

为了不在重大事情中出现差池，在平常的日子中保持适度的紧张感是有必要的。

如果没有了紧张感，认为"这样就可以"的话，那么很多事情的结果也会"不过如此"。

为了避免这种状况出现，在工作、聚会甚至是与友人见面时，都要练习适度的紧张感。这样，当自己独自面对同样场合的时候，才不会乱了分寸。

有这样一句谚语——"第一只企鹅"，指的是"企鹅家族中，第一只跳入大海的企鹅"。

大海中满是天敌，所以企鹅们对于下海都犹豫不决。但瑟缩不前，就没有食物。所以企鹅养成了"看到第一只跳下海的企鹅是安全的，就会陆续下海捕食"的习性。

由此延伸开来，将"第一个鼓起勇气进行挑战的人"称为"第一只企鹅"。无论是工作，还是交流，乃至人际关系，这都是能够扭转局面的一大法宝。

所以，最重要的还是自己奋力一搏，如此，哪怕面临的是再巨大的压力，也不会败下阵来。

没有人可以避免紧张、压力。既然无法避免，那么就迎难而上。

请采取以下行动：

痛苦的时候，不要认为"只有自己痛苦"。

有意识地保持紧张。

试着做"第一只企鹅"。

15 热爱工作：
使命感是做事的原动力

电影《泰坦尼克号》中的一幕，我至今仍记忆犹新。

泰坦尼克号开始沉没，乘客、船员乱作一团，但船上唯一的乐队依旧坚持演奏。

在最后的最后，他们做到了身为音乐家的本分：即使微乎其微，但只要能安抚众人的情绪，就继续演奏。

这正是面对工作时的"使命感"。

我的丈夫是一名急诊科医生。

因为从事的是救治紧急病患的工作，所以在深夜或黎明被医院叫走是家常便饭。

那一天，电话在凌晨三点响起。

当时，丈夫所在的医院规定：接到电话需在三十分钟内赶到医院。

丈夫是在两小时前刚到家的，此时刚要入睡。

因为连续几周的加班，丈夫已经非常疲惫了。

那时，我刚好读过关于"急救医生过劳死"的新闻，于是，我对已经走到门关，要赶往医院的丈夫说："不去不行吗？你根本就没有休息。"

丈夫只是说了一句："我不去的话，谁来帮助他们呢？"接着，他的身影就消失在了黑夜中。

不只是我的丈夫，急诊科的医生都抱有"如果自己不做的话……"的强烈念头。

望着丈夫的背影，我开始反思："对工作，自己能够做到这样吗？"

"带着使命感去工作"，说起来容易，做起来难。

单是"不计利害得失地工作"就很难做到了。

就像《蚂蚁与蝈蝈》的寓言所描述的那样，是为了自己的美好将来而勤勤恳恳地工作，还是享受奢靡的生活？真做选择的时候，有可能会做出跟蝈蝈一样的选择吗？

所以，很多时候，与赢得别人的信赖相比，更多的会因为衡量"能不能赚钱"、"能不能给别人留个好印象而搭上关系"而去做事。

但这样做的结果是不能与交往的人建立真正的信赖关系，也不能过上自己理想的生活。

这样的生活是非常无聊的。

所以，"坚定信念"，"按照信念去行动"才是必要的。

到目前为止，我所遇到的成功人士，都是以信念来指导行动的。

以什么为基准来决定自己的行动，为了何种目的而采取行动，这些事关"方针"的问题，他们都清清楚楚。

正因为这样，他们才能心无旁骛、毫不动摇地朝着目标前进。他们以一种决绝的姿态，立刻、马上进行着能够实现自己人生价值、体现自己价值观的行动。

这样的人做到了真正的言行一致。也因为这样，他们得到周围人的信任，最终做成了自己想做的事情。

同时，抱有使命感的人，不会推卸责任。当同事、后辈犯错的时候，他们不会为自己开脱，因为他们认为"选择对方做这件事，是自己的用人问题"。

不抱怨组织，也不责怪同事，只有真正热爱工作的人才能做到。

请扪心自问："我是否带着崇高的荣誉感在工作？"

所谓的使命感，是对自己工作的觉悟与热情，是自发工作的原动力。

请采取以下行动：

明确行动指南。

承担责任。

更加热爱工作。

PART FOUR

改变说话方式

16 语言的意义:
交流时要善用特殊语言

现在的你，是由过去经历的一切所塑造的。

与不同的人相遇，经历的各种事情，都会在我们的身上留下痕迹。

拿恋爱这件事来说，如果将"就是这个人"比作最终登顶的话，那么昔日的恋人就是为了遇见这个人而必须经过的爬山之路。

年轻的时候，我总是憧憬"跟真正的有缘之人交往，一起过幸福的生活"，并且以为这才是成熟人士的思考方式。不经意间，我就将与自己想法不同的人划入了不成熟的行列。

在这种想法的支配下，我偏执地认为"只有跟自己交往并结婚的人"才是"命中注定的人"。但，现在我不这样认为了。

比如说，那些跟自己讲过鼓励话语的人，那些给自己带来重大影响的人，即使现在不在一起，也不是恋人的关系，但他们都是"命中注定的人"。

米希亚（日本女歌手，译者注）的成名曲《紧紧拥抱》中有这样的歌词："称呼恋人的时候，可以使用多少种特殊语言呢？"

明治大学受到这首歌曲的启发，进行了关于"特殊语言"的问卷调查——"说起特殊语言，你会想起什么话呢？"

结果大都是一些诸如"谢谢"、"再者"之类的非常平常的话。

对这些人来说，"我爱你"、"喜欢你"都不是"特殊语言"。

一说到"特殊语言"，我就会想起一位VIP客户的事来。

那天，这位VIP客户刚刚离开宾馆，马上又折返回来，我很自然地对他说："欢迎回来。"

结果，他一下子愣在那里，仿佛时间停止一般，一动不动地看着我。

"您怎么了？"我问。

"没什么，就是很久没有听到'欢迎回来'这句话了。之前都是我的夫人跟我说，但是去年，她过世了。"

对这位 VIP 客户来说，"欢迎回来"就是"特殊语言"。

也就是说，所谓"特殊语言"并不只是那些让人背诵的名人名言，只要是对自己重要的话，都是特殊语言。

"我以为我们会一直在一起。下次再说就好了，以后还有机会。但是，现在想说的话如果不说，很可能就没有机会了。"VIP 客户说道。

对方就在自己的身边，即使自己不说，对方也会明白。相信很多人会这样想，但不是这样的，因为每个人都想听到对方亲口说出属于自己的"特殊语言"。

如果把自己对对方的真实想法，好好传达的话，那么，不管什么话，都会成为"特殊语言"。

请采取以下行动：

试着回想自己收听到的"特殊语言"。

不要以为"即使不说，对方也会明白"，一定要好好讲出来。

关注那些不经意间的小事。

17 语言的选择方法：
尽量少说否定的话

跟一些"高段位人士"熟悉之后，为了了解他们的处世哲学、人生故事，我会提出各种各样的问题：

小时候，你是什么样子啊？

你的父母是如何教育你的？

迄今为止，你最讨厌的事情是什么？

你人生中的转折点是什么？

工作中，你最看重的是什么？

做选择的时候，你的决断基准是什么？

对于这些问题，不能简单回答"该怎么讲呢"，"没什么特别"，因为给出自己的答案是件很重要的事情。

这时，我需要的不是杂志问卷调查式的答案。不要模棱两可、含糊不清，而要"认真对待，给出具体答案"。

如果是不能马上给出答案的问题，那么稍稍思考一下，然后再回答说"嗯，我是这样认为的"，"我想这样要合适一些"。

只是，思考会占用时间，这一点不太好。

对话是需要瞬间的爆发力的。

如果对方"指着胸针、手袋"问"出自哪里"，你最好能马上给出答案。

如果对方请你"推荐餐厅、书、电影、旅行的地方"时，你不能只是简单地说几个名字，还需要讲与之相关的趣闻轶事。

如果能做到这些，对话就能继续并延伸开来。

不擅长应答的人，总是将问题视作洪水猛兽，在巨大的压力之下，即使想好好回答也做不到。

另外，对话的时候，语言的选择也是很重要的。

某杂志曾经将"让人受伤的语言"按等级排列，出了一期特辑。

排在前面的话是"没劲"、"没必要"、"记不住"、"不像男人"等，都是"否定"的话。

日常生活中，我们经常说"做不到"、"不想做"、"没有自信"等"否定"的话。也就是说，我们一直在不自觉地伤害自己。

前些日子，我以老师的身份参加了一场毕业典礼，听到久违了的《抬头即尊重》的歌曲（自从毕业以来，已经很久都没有听过了）。其中有一句"萤萤灯火，皑皑白雪"的歌词，引起了我的注意（请自动想象那优美的画面）。我意识到，需要重新思考语言的意义。

那些被我们遗忘、忽视了，却异常美丽的话语是非常多的。

所以，我们需要时时提醒自己：记得感受语言的美妙。

表达自己的思想、心意的时候，需要选择恰当的语言，这样从交流伊始，就能改变周围的人对你的评价。

请采取以下行动：

不要使用"吧"、"啊"等拖沓的结尾词。

不要说"这个"、"那个"，要给出具体、详细的说明。

关注语言的含义。

18 第一次见面：
让自己的谈话变得有趣

　　人际交往中，最让人头疼的当数初次见面时的谈话吧。当我们不能把握彼此间的距离时，的确需要注意分寸。

　　就我自己而言，跟别人初次见面的时候，既不过分谈论自己，也不过分地探听对方。

只是初次见面，就能让对方期待再次相见的人，应该是"能够引起对方注意"的人，或者是"尽管不能完全理解，但讲话很有趣"的人。

不以自我为中心，能够展示饶有兴趣的讲话、倾听方式的人，才能跟别人将对话进行下去。

这种交际技巧，虽然不是人人都能接受，也不是总能奏效，但的确是一种高段位的交流方式。

我有一位当录音工程师的朋友。

他的工作内容包括 CD 录制时的音响调试、灌制唱片及相关的技术支持等。

他所从事的行业跟我的工作完全不搭界，我对他的行业一点儿也不了解。如果他讲一些专业术语，相信我

PART FOUR 改变说话方式

唯一能做的就是不停地发问"那是怎么一回事"了。

同样的，他对我的工作也不甚了解。

但是，他为什么总是说"大网理纱讲话很有意思"呢?

其实，并不是因为我的讲话有趣，而是他的"倾听方法"很特别。

具体说就是，无论他听到什么内容，都会跟他自己的行业联系起来。

比如，我说："有这样一件事情……"

他会这样应答："嗯嗯，这件事听起来跟我遇见的很相近呢。"然后，就会具体阐述一番。

这样一来，就会因为"是这样子啊"而使对话很自然地展开下去。

我们经常听到"对话的时候，要多多寻找彼此的共同点"的说法。

那么，"一边倾听，一边寻找相同之处"的做法真的如此重要吗？

不管对方的讲话有趣与否，我们很容易认定"这是对方的表达方式"，但是其效果却会因为我们自己的"倾听方式"而发生变化。

不要只想着"说点什么好呢"，而要认真听对方讲话。要做到让对方把想说的话全都讲出来，引起对方的谈话兴趣，让对方正面回答你的问题。

"不想跟对方讲话"，"对对方的话不感兴趣"，"没什么共同点啊"……如果存在这样的想法，那么你会错失很多重要的沟通机会，更无法了解很多事情的真相。

"虽然不是很理解，但让人有兴趣"，要想达到如此有吸引力的效果，就应该让自己的谈话变得有趣。

请采取以下行动：

不要以第一印象来判定一个人。

结合自己了解的事情进行提问。

询问对方感兴趣的话题。

19 成人间的交谈：
不要将无聊写在脸上

在我开设的讲话课上，有学生说："在多人讲话的场合，我感到很困扰，该怎么办呢？"

以我的经验来说，面对众人时，讲话需要注意以下几点：

1. 不要过分谈论自己。

2. 不要只跟自己旁边的人或是一小部分人交流。

3. 不要谈论禁忌话题。

那些成为谈话中心，能让整个谈话进行下去的人，会让所有的人参与谈话。为此，他们抛出的都是一些容易交流的话题，并会避免让不善交谈的人感到尴尬。

另外，如果某个话题只有少数人才能理解，那么其他成员都会感到不自在。万一真要谈论这样的话题，一定要使用简单易懂的语言，如此才能让所有人都参与进来。

面对这种情况，更要注意不能让不善言谈的人陷入沉默。

也就是说，让沉默寡言的人与侃侃而谈的人自如、融洽地交谈，是一件很重要的事情。

需要跟不善交谈的人对话的时候，如果能准备一些"谈资"是很好的。

所谓"谈资"是指可以引出话题、引起谈话的事物。比如说，在对话开始之前，摆放在桌子上的诸如相册、旅行纪念品之类的物品。

即使在公司里，谈判的时候，做这样的准备也是很有必要的。

还有，崭新的文房四宝、设计别致的玲珑手机壳，准备这些，也是很容易引出话题的。

如果是谈话的对方做这样的准备，那么自己也很容易就能找到对话的切入点。

对话，不是只让自己感到快乐，而是"在自己愉悦的同时，也让对方高兴"，这才是理想的状态。

只关注自己、只关心自己的事情，只能算是"马马虎虎，勉强说得过去"。

关心周围的人，让别人高兴，才是真正的会讲话。

将"让自己快乐的想法"与"让大家快乐的想法"结合起来，才能称得上"真正的善意"。

请采取以下行动：

多人对谈的时候，不要讲小众话题。

要使谈话进行下去，需要注意倾听方式。

积累有趣、令人感动的谈话内容。

20 讲话技巧：
既要表达自己，也要体谅别人

谈话的成立，是建立在"提问"的基础之上的。

所以，拥有自己的"问题清单"是一个很好的习惯。

我的"问题清单"包含如下的内容：

· 休息的时候，会做些什么呢？

·知道什么好餐馆吗?

·关于旅行,有什么推荐的目的地吗?

·有什么推荐的书、电影吗?

这些并不是什么特殊的问题,但因为是自己感兴趣的事情,所以就算只是听对方讲,也会很有兴致。于是,不知不觉间,谈话的气氛就会热烈起来。

安东尼·德·圣埃克苏佩里所著的《小王子》一书中,有很多关于"提问"的深刻思考。

"跟新朋友讲话的时候,大人们,都不会谈论重大的事情。像'政治主张是什么'、'喜欢什么游戏'、'收集蝴蝶吗'之类的问题绝对不会问,而只是会问'几岁啦'、'兄弟几人啊'、'体重多少'、'父母做什么工作'

等问题，总之，都是一些加深了解对方的问题。"

在电视台工作的时候，我被要求"不要过于擅长讲话"。当时的我，对于"既然是专业人员，为什么擅长讲话反而不行呢"非常不解。

现在，我终于明白其中的深意了。

这是因为，就算没有"技巧"，只是坦诚地表明自己的心意，对方也能够感知并接受。

这才是打动人心的谈话之道。

当时的我太渴望掌握"娴熟的谈话技巧"，以至于忽视了听我讲话的人的感受。

只有"技巧"是不行的。如果只有"技巧"，就会出现太会讲话的局面，会让人感到只有技巧而已。

因此，现在的我，在教授讲话技巧的时候，非常强调"将自己的心融进去"。不管表面功夫有多好，有没有真情实意，对方立刻就能明白。

特别是见多识广、阅历丰富的"高段位人士"，一眼就能洞穿本质。所以，是糊弄不了的。

我跟丈夫刚结婚的时候，他的一位年仅二十六岁的同学过世了。

面对去守夜的丈夫，我实在是不知道应该说些什么。

一直都以"讲话"为业的我，掌握了"在什么时候讲什么话"的多种技巧，可是，在那样重要的时刻，自己为什么讲不出话来呢？

"讲话之道"究竟是什么呢？

所谓的"讲话之道"，并不只是擅长讲话、会讲话，更重要的是向自己在意的人传达"你很重要"的心意。想明白这一点，我就开始注意自己的讲话方式了。

前些日子，一位已经毕业的学生跟我分享了他的心得体会。

"我改变了自己的讲话方式之后，发现自己比以前更受周围人的重视。这样一来，我变得更自信，同时也更加在意别人。结果，与人交往成了一件令人高兴的事。"

这位学生的话道出了"讲话之道"的另外一个需要注意的方面：在体谅别人心情的基础之上开展对话。只要做到这一点，自己与周围的人都会发生改变。

也就是说，打动人心的讲话方法，才是唯一的"讲话之道"。

讲话方法最需要的既不是"技巧"，也不是"秘诀"，而是自己的心意、自己的情感。

请采取以下行动：

不要一个人讲得过多。

在对方讲完之前，不要表示否定的意见。

在体谅对方心情的基础上开展谈话。

PART FIVE

提升生活品位

21 必备品：
赋予每一件随身携带的物品以意义

二十几岁的人，会因为拥有很多好玩的物品而开心。

但是，"高段位人士"却会慎重选择每一件属于自己风格的物品。

经常使用的，随身携带的，装饰房间的……种种物品，在丰富人们生活的同时，也会体现一个人的性格与价值观。能够以不同于学生及刚步入社会的成年人的方式来思考随身携带的物品的人，才能称得上"高段位人士"。

阿加莎·库里斯蒂说："真正宝贵的并不是新品，而是那些古老的物件，哪怕经过了修补，也一直闪耀着美丽的光泽。"

不必拥有大量物品，而是只有"少量的但一生都会使用的物品"。可以说，这是只有"高段位人士"才能做到的事情。

比如说，料理的器具，会选择那些价格稍高但经久耐用的品类；爱惜鞋子，甚至可以穿十年之久。

当然，为了做到长时间使用，需要好好地修补，而且修补也会花费时间。但是，使用的时间越长，越会有"真是遇到了好东西"的感动。

有一所幼儿园，将陶瓷杯子和盘子当作小朋友的毕业纪念品。

陶器易碎，且不方便携带。将陶器交给小朋友的时候，并没有直接告诫说"请好好珍惜"，而是让小朋友用手触碰、抚摸。

"如此，小朋友会自然而然地生出爱惜的念头"，园长认为。

我们也可以这样做，从身边的物品开始，为成为"高段位人士"而准备着。

说到底，"物品"的本质并不在于"物"，而是其所承载的人的记忆、情感以及人与人间的连接。

家族世代相传的物品、纪念品、手工制品，其意义也不在于"物品本身"，更多的是其所代表的意义。

比如说，"第一双鞋"（指婴儿初次穿的鞋子）包含着对孩子有一个美好人生的祝福；"万事如意"则是一种习俗，据说新娘在出嫁的当天，随身携带蓝色的物品就会获得幸福。

既要珍惜前人传下来的物品，也要有将物品传给下一代的心意，这才是最珍贵的。

物品本身需要被爱惜，但物品所承载的意义更值得传承。

这样做，才是向高段位又迈进了一步。

赋予每一件随身携带的物品以意义。如此，人生就

充实了起来。

请采取以下行动：

重新审视身边"不像大人用的物品"。

鞋子、包包、料理器具等，修补后继续使用。

赋予随身携带的物品以意义与感情。

22 服装：
让你的衣着体现你的个性

经常会听到这样的话，"人，最重要的是内在"。

但我认为，"外表是内在的终极体现"。当然，并不是说外表是一切，但外表可以体现一个人的心思与性格。

之前，有在校生给我留言："聚会的时候，穿什么衣服合适呢？"

在结婚典礼、正式会议时的着装，必须要考虑的一件事情是"自己将以何种身份出席"。

当然，最重要的是要"衬托主角"。意识到这一点，就要事先了解主角会穿什么衣服。如果不能直接了解，那就想象一下好了。这样就能避免撞色乃至撞衫的尴尬。

但是，就算是为了衬托主角，在庆贺的场合，也不要穿得过于朴素。这就需要注意庆贺的场地了。

如果纠结于"套装行不行"的时候，那就干脆选择"更正式的服装"好了。

只要是跟学生一起参加会议，我都会选择正式套装。主办方一看到与会人员穿套装的样子，就会因为其重视这次会议而感到高兴。同样的，其他人也会有同样的想法，从而也会更加认真地对待会议。

"随意一些会更舒服"与"如果不够正式，别人会很困扰"，是两种差别很大的想法。

跟朋友、上司一起吃饭，或者跟恋人约会的时候，可以通过着装将"很珍惜现在的共度时光"的心思表达出来。

讲一件日本天皇陛下与美智子皇后出席东京大地震追悼奠仪时的事情。

平时总是穿西装参加活动的美智子皇后，当天身穿和服参加了祭拜，传达出饱含希望的心意。

谈到为什么会选择穿和服时，美智子说："万一刚刚手术完毕的天皇倒下了，那么自己可以扶他一把。"

并不是说不可以穿西装和皮鞋，但是西装和皮鞋是无法传达"支持"的信念的。相反，如果是和服与草鞋，就可以坚定地扶助了。这样想来，和服的确是更能传递出"希望"的信念。

有多种选择的时候，与习惯相比，更重要的是与"场合相符"。这才是选择服装应该考虑的事情。

一位"70后"的美人，总是身穿和服，每次上楼梯的时候都非常漂亮。上楼梯的时候，从后面看的话，穿和服是看不到脚的，而穿西装则会看到脚。爬楼梯的时候，不露脚的话，会有一种"升"的美感。如此，做出跟服装相配的举止，也是着装的关键点之一。

当然，平时穿西装的时候也是一样，坐、立的姿态与举手投足间都要体现出一种美感。所谓"站如松、坐如钟"说的就是这个道理。如此，包含动作、举止在内，才能称得上是"得体的着装"。

不是说穿什么都行，而要有关注细节的意识，如此，才能展示自己的内在美。

请采取以下行动：

不要穿粘有灰尘的鞋子。

保持指甲、衣领、袖口、发梢的清洁。

不是穿"喜欢的衣服"，而是选择"适合的服装"。

23 礼物：
养成认真挑选礼物的习惯

选择土特产、生日礼物的时候，如果能传达出送礼之人的心意，体现其特点，才是最好的选择。

在我送出的礼物中，印象最深的是一个"归来的灯架"（类似烛台）。

为什么是"归来"呢，因为我很担心工作繁忙的丈夫，希望他能平安无事地回到家中。

像这样，虽然是我们已经送出去的礼物，但因为其中有一个故事，所以一直被记得。有故事的礼物，总会被人记住。

同时，这样的礼物也会在人生中留有余韵。

因为看到礼物的时候，会想起当时的心情，勾起对那个人的思念。这样的余韵，会温暖我们的心。

"世界最短的情书"，是一个有关南极勘探队的故事。

1957 年，日本首次派出南极勘探队。在严寒的南极之地，队员们唯一的安慰与支持是来自家人的电报（通过莫尔斯码进行传输）。

当时还没有电脑，每一个字的费用都很高。因此，只能是长话短说、言简意赅。

新年的时候，队员们会将家人的电报集中起来，一起朗读。故事就因此而起。

轮到一位队员的时候，他怎么也不肯读。结果，在众人的坚持下，他读了来自其夫人的电报："你。"（日语中的"你"，只有三个假名，写作"アナタ"。）只用三个假名，却表达了思念、牵挂、寂寞的复杂心情。如此简洁、有力的表达方式，一语中的，成为最有名的情书。

不过，据说，事实不是这样。之前，这位队员因为醉酒而引起过纠纷，他的夫人以告诫的口吻说"アナタ"。所以，这个"アナタ"也含有警告的意思。

另外，我自己在挑选礼物的时候，会考虑日常使用的频率、便携性等。

如果是回礼、送朋友的生日礼物的话，就会选择更能体现自己心意的物品。

但是，礼物并不是花钱越多才越好。

平常日子里，一封感谢的信、一句鼓励人心的话、一副风景的写真……只要是包含自己情谊的礼物都可以打动对方。

同样的，收到这样礼物的人，也很容易感知赠送人的心意。

让人一看见你送的礼物就能想起你，这样的礼物才是最合适的。

请采取以下行动：

养成认真挑选礼物的习惯。

选择那种收到的人"会忍不住跟别人讲"的礼物。

如果赠送平常使用的物品，请按照"使用频率"来挑选。

附：

礼品推荐

挑选礼物的时候，需要考虑对方的年龄、性别、家庭成员、工作内容、场合等，是一件很费心的事情。下面推荐的礼品都是一些适用度很高的物品，如有需要，请参考。

红茶

红茶店里，会有一些名如"感谢之意"、"没有如实相告很抱歉"的红茶。总之都是一些名字很好玩的红茶，可以根据需要进行选择。

手帕

可以印上名字缩写跟相片，不止手帕，丝巾也可以。

曲奇

可以在东京尾山台的总店及高岛屋日本桥店购买（当然也有烤饼干，但强烈推荐曲奇）。另外，还可以网购。在东海道的新干线上可以以五百多日元的价格购入。

超级蛋糕

只有东京市内派送。之所以被称为"超级蛋糕"，是因为一块高达一千五百日元。根据季节会有不同的蛋糕。

便笺

跟书签一样的作用。但有多种颜色可选。

玫瑰型的巧克力

巧克力被做成玫瑰形状。实体店铺只开设在东京都内，但可以网购。

杂货

直接从欧洲进货的杂货店，推荐厨房跟清洁用品，可以网购。

玻璃制品

含有"香槟跟鸡尾酒调和出的神秘气泡"、"富士山全景"等的玻璃制品。

24 优雅的举止:
不要让别人感到拘束

我曾在克罗地亚东部的一家著名宾馆留宿过。

吃早饭的时候,我遇到了一位已经七十多岁,但仪态万千的女士。

她只喝了一杯咖啡,但整个过程宛若一幅画,美得无法言说。

即使满头白发也遮挡不住她的时尚气息，她举手投足间流露出的优雅与品位更是引人注目。她的美，足以将人带入一个绘画的世界。

然而，前几天，也是在这家宾馆吃饭的时候，我遇到了一个有钱人的旅行团。

他们点了很多菜，却没有吃完，大量的食物剩在盘子里。吃饭的时候，他们居然端着盘子来回走动。看到他们这副样子，其他客人跟服务生都惊呆了。

在国外的饭店里，剩菜的现象格外严重，但并不是多点菜（消费高）就是好客人。与支付多少钱无关，而是根据客人"能否与饭店相融洽"来评判的。

当然，跟吃什么、喝什么更没有关系。

即使一年只有一次，或者一生只有一次，就算只点一杯咖啡，但如果能像之前提到的那位女士一样，因为自己举手投足间都很美，所以连带自己所经之地的空气都美好了起来，这样的客人才是店家心中的好客人。

一说"礼仪"，很多人都会有"只是形式上的东西"、"非常麻烦"的印象。但"礼仪"的本质，是恰如其分，且不打扰周围的人。

如果去法国餐厅，那么：

· 从签到到进入房间，人员的前后顺序是工作人员、女士、男士。

· 工作人员安排就座的时候，要让女士坐在上座。

· 乘坐电梯，进电梯的时候女士在前，出电梯的时候则是女士在后（这样，一旦女士摔倒，男士可以及时提供帮助）。

之所以要这样做，或者说有如此的规定，其本质都是出于一种"体贴"的想法。

日本第一家获得米其林三星称号的料理店是玄治店滨田家。这家店之所以入选，正是因为"在不打扰客人的同时，展示出强烈的待客热情"。

不在意就会忽视，因此，要做到真正的"不打扰客人"是一件很费心思的事。

礼仪并不只是一种"规定"，而是因为"想让客人感到舒适、自在"，所以才会不停地思考"这样做客人会不会介意呢"，也只有如此，才能做到令客人满意。

出于这样的考量，以"礼仪"展示出来的就是"看不见却存在"的具体行动。

你的行为能让周围的人感到舒服吗？在自我反思中，你的举手投足会更优雅一些。

凭借经验、意志力，人会更加美好、更加灵活、更加优雅。"礼仪"只是优雅的方式之一。

请采取以下行动：

对匠人、店家表示敬意，比如不要喷味道浓烈的香水、注意着装、遵守餐饮礼仪等。

从头发到指甲，要有意识地保持"如画作般的美好"。

不要让别人感到拘束。

137

25 招待：
客人满意才是最重要的

VIP 接待，并不是客人落座之后才开始，而是从"停车场"就要接待了。从停车场到下榻的饭店，从入口到座位，全部都要考虑周全。

就经验来说，我在接待客人的时候，不单关注饭菜，而是从宾馆的入口开始，包括室内装修、环境气氛等一系列因素，全都要考量，在此基础之上，挑选出合适的宾馆。如果是重大节日，更要格外仔细。

如果要去看电影、听交响乐、欣赏舞台剧，就要考虑选择什么位子才能既方便观看又方便享用开胃酒菜，还要选择合适的服装（不仅仅是梳妆打扮）。这些都是从准备阶段就要全部考虑的，并且要准备多套方案供客人挑选。

就我个人而言，我喜欢有停车位的一轩家餐厅。但是，一轩家离车站较远，所以需要考虑的事情更多。比如说，如果有年长的客人，那么在什么地方搭乘计程车合适，就要提前考虑。

没有专车的时候，就要选择"距离车站近的餐厅"。

为了特别的日子而盛装出席，如果遇上烈日、酷寒、暴雨、强风，那么再高级的餐厅，如果从车站要走十分钟以上，都会让人没了兴致。

选择餐厅，还有一件事情必须注意——"如果不亲眼所见，是不能理解的"。

有一次，我到上海一家饭店做VIP接待。

那是一家氛围超棒的饭店，在饭店的最顶层，可以欣赏到整个夜景，但是室内暗得连菜单也看不清楚。

不管多好的餐厅，都有可能发生意外。

所以，在接待重要客人的时候，预订座位的具体位置、与邻桌的距离等，如果在网上无法查询，那么就要实地考察。这是非常重要的事情。

当然，这不限于VIP招待。

盛夏时节常有台风，接待的时候，可以事先告知客户："因为台风，温度偏低，请穿外套。"如此细心体贴，客户会非常高兴。

诸如此类，需要考量、准备的事情有很多，不再一一赘述。

吉田兼好的《徒然草》中，有这样一幕：在月光皎洁的夜晚，女人一直望着客人离去的背影。

非常美好的场景，读到这一节的时候，我就想自己也要这样做。

VIP接待的时候，会有"送别的时候，一定要礼貌周全地欢送客人"的要求。用现在的话来说就是目送。

上完课的时候，我也会目送学生们，因为我很喜欢看学生离去的背影。以守护的心情注视离去的身影，自己的心情也会愉悦起来。

目送，包含了对送别之人的情谊。

对目送自己的人，内心会有一种莫名的牵挂。

目送，并不是只在特殊的时候才使用。家中、公司，很多场合都可以目送。

虽然很少，但请试着用比平时长一点的时间来目送对方。

招待的本质是体贴，一边想着对方的笑脸和幸福的神情，一边思考可以让其成为现实的方法。

请采取以下行动：

演练整个招待流程。

现场查看、调研不可少。

目送，直至看不到对方的背影。

PART SIX

让自己的人生更有深度

26 教养的含义：
了解并接受世界的复杂

人生，有五样东西可以转换成巨大的财富。

即说话之道，饮食之道，言谈举止，写作的能力，思考力。

任何人要想拥有这些，都必须付出巨大的努力跟时间。反过来说，熟练掌握这些技能的人，都是非常有人格魅力的。

究竟怎样做才能掌握这些，虽然有技术层面的要求，但最根本的是"有教养"。

有教养，并不是指单纯的有无知识，而是将掌握的知识消化，然后在人生的际遇中非常自然地展示出来，就像天生的一样。

人之所以被称为"人"，其原因在于有教养，也就是深刻打磨这五种能力——说话之道，饮食之道，言谈举止，写作的能力，思考力。

三十岁之后，我开始读一些二十几岁时根本不想读的书。

虽然一开始并不喜欢，但二十五岁以后，我开始读历史书，开始关注很多原本并不了解的日本的历史。此外，我读文学作品，还读《圣经》、《论语》等。如此，我开始进入一个更加广阔的世界。

当然，教养并不只是读书。

2012年，我来到了克罗地亚的南部城市——杜布罗夫尼克。

杜布罗夫尼克的老街，被称为"亚得里亚海的珍珠"，是非常美丽的街道。

然而，就是这样美丽的街道，却在几十年前的战争中，被烧毁了八成。建筑上，满是子弹、炮弹留下的痕迹，古老的砖墙上铺有新的砖石，新旧砖石间的缝隙清晰可见。

尽管如此，在当地人民经年累月的不懈努力之下，老街实现了复兴，现在作为世界文化遗产，吸引了来自全世界的游客。

这份魅力的深层，包含着太多的悲伤与无奈，更有一次次重新来过的莫大勇气。这不正是我们人生的写照吗？

油画，为了使最后的成色更好看，故意在想要的颜色中少量地掺入别的颜色。这样，与全都是想要的颜色相比，会更加熠熠生辉、光彩照人。

抹茶、红茶也采取同样的方法。通过加入别的茶叶，可以提升其醇度与口感。

同样，不管多么光彩夺目的人，都会有他人所不知的烦恼、痛苦与悲伤。

所谓有教养，正是看到这个世界的美好与丑陋、幸福与忧伤、甜蜜与苦涩，接受这份复杂，假以时日将其消化。

如此，经历过很多事情之后，带着全部经验继续向前的人才是"高段位人士"呀。

有教养是指了解、接受世界的复杂，并且在时间的帮助下，将其消化。

请采取以下行动：

要有疑问，但最终会将疑问一一化解。

了解事物的过程与背景。

参观美术馆的时候，仔细阅读作品说明。

151

27 充分利用五官：
从容感受四季变换的瞬间

在 2005 年的国际博览会上，三菱未来馆以"假设月球消失了"和"没有月球的世界"为主题，布置了展厅。

在夜晚出现的月亮，如果就此消失不见，地球会怎么样呢？

首先，人类是无法生存的。然后，没有了四季的变换，寸草不生，在狂风怒号的荒野中，只有恐龙在觅食，最后，整个地球的大陆都是荒凉之地。

正是因为月球的存在，受引力的影响，地球可以围绕自转轴旋转，自转的速度也是均衡的。如此，才形成了可以培育自然、生命的良好环境（如果自转不稳定，那么气候的变化就会异常剧烈，走向极端）。

现在，我们所处的这个世界，是比我们想象中更加伟大、更加珍贵的存在。

在帆船竞技中，无论是多么完美的搭档，也无论进行了多么充分的训练，还是会因为风向、洋流而使结果发生变化。

据说，当初设置帆船比赛的项目，就是为了让人们了解，大自然永远有我们人类取法战胜的存在。世界上，也总是有无论我们怎样做终究无法企及的所在。

懂得之后，我们就要重新看待周围的世界。

比如说，地理课本上出现的"破火山口"、"谷湾式海岸"，有亲眼见过吗？

十年前，第一次见到熊本县的"破火山口"时，我才真切感受到它那巨大的、倾覆式的压迫力。

宫崎骏导演的《悬崖上的金鱼》，其原型是他在屋久岛的白谷云水峡所看到的一片广大的美丽苔藓。

只有亲眼所见，才能真正了解活火山口的雄壮与茂盛苔藓的美丽。

《百人一首歌》节目中，有我非常喜欢的一首歌。

"春出田野摘若菜，雪融沾衣但为君"（光效天皇）。

意思是出去采摘若菜送给思念的人。其中的"若菜"指的是春天的"七草"。

现在，每年的1月7日，依旧有喝七草粥来祈祷新的一年平安、顺利的习俗。

当然，已经不需要人真的去雪地里采摘若菜了，超市会售卖做七草粥需要的食材。

与古代相比，还是现代更加的便利啊！但是，只要想到一千多年以来，人们欣赏着同样的风景，怀抱相同的心愿，跟大自然共同生活，就会觉得这真是一个很棒的习俗呢。

季节，转瞬即逝，随着时间的推移，自然的样貌也在变化。

偶尔抛下日常的烦恼，去亲近自然，用眼睛记录，用心体味。如此一来，我们的内心才会丰富起来。

面对自然的"巨大"，日常的烦恼就会"小"得不值一提。

请采取以下行动：

注意四季的风景变换。

认识"应时、应地、应季"的鱼类跟蔬菜。

去实地观看书上、课本上所出现的风景。

28 旅行：
找个时间让自己完全放空

经常会听到"日本真小"的说辞，但日本真的小吗？

参观广岛核爆遗址的时候，除了我，居然都是外国人，这令我很是吃惊。

当然，我不是要否定海外旅行。

但是，关于日本的魅力、日本的文化，我们还有很多不知道、不了解的地方啊。

日本每一个县的风景、文化、历史都不同，语言也不一样，每次去的时候，我都会感到"居然如此深厚"，从而更新了之前的认知。

想一下，"旅行"是不是跟"障子"很像？

障子，只要有了破洞就跟没有一样，因为完全不能像门一样来阻隔声音。

但是，在平常的每一个日子里，在夜晚星光的照耀之下，映在障子上的景色却没有完全相同的时候。

不要只是追求便利与舒适，当你重新发现日常中遗漏的美好时，会看到完全不同的风景。

这正是旅行的"醍醐灌顶"之意呀。

旅行的时候，不管遇见什么，对于那些不知道自己想要什么的人来说，都是一种惊喜。

要想感受到这份惊喜，内心就不能被欲望和杂念填满。

当我们肚子不饿的时候，即使想吃饭或是点心，也不知道吃什么好，因为没有食欲。

在寺庙修行的僧人，吃的是粗茶淡饭。即使这样，他们也会不时地断食，让身体跟大脑都处于"空"的状态，如此以求顿悟。

如此说来，偶尔有意识地让自己"处于饥饿的状态"是非常有必要的。

"不知道自己应该做什么"，一旦有这样的想法，就请回想那些什么也没有的日子，看自己是如何过来的。

这样，就会知道自己要做的事情了。

旅行的意义并不只是到很多地方观光，体会那种"什么也不做"的奢侈感，也是一种享受呢。

现在，为了达到这样的效果，有的旅店会在晚上十点熄灯，有的宾馆会故意不放置电视。

并不是只有在远行中体验特别的事情才是旅行，记起重要的事情，重新发现遗漏的美好，都是旅行的一种形式。

关注日常遗漏、遗忘的事情，将其记在心上，这也是旅行的方式。

请采取以下行动:

重新学习以前未曾关注的文化和历史。

决定旅行的主题。

在特定的时间，将心放空。

29 挑战：
偶尔尝试做自己不感兴趣的事

业内的顶级高手，总是不断提高自身的能力，而且非常喜欢做有挑战性的事情。

"今天有时间吗？"他们会不定期地发出邀请，"我跟大学同学正在喝酒，你也来好啦。"这样就很自然地将别人融入他们的圈子。

当然，他们也乐意接受别人的邀约。

做事之前，考虑周全是必需的。

但是，如果对任何事都要考虑"有什么意义"、"浪不浪费时间"、"能否赚钱"等利害得失的话，就没有意思了。

从长远来看，正是那些"无聊的"、"没有意义的"事给我们的人生带来趣味，并且在赋予人生厚度的同时，成为生命的巨大财富。

"挑战"，正是让自身获得成长的最快的方法。

对我来说，"挑战"就是"接触一流的事物"，"了解事情的本源"，是非常非常重要的事情。

就像读到一本好书、观赏到一部精彩的影片那样，当我们亲眼见到超出想象的无与伦比的事物时，那种刺激与感动，有一种无法替代的价值。

之前，我参观过伊藤若冲画展（伊藤若冲是江户中期活跃在京都的日本画家）。

在那之前，我一直以为，与西方绘画相比，日本的本土画色彩过于朴素，并不让人喜欢。

但是，伊藤若冲的画作，颜色搭配得恰到好处，美丽极了。

《紫阳花双鸡图》，画如其名，画的是紫阳花与两只鸡。蓝色的紫阳花与血红的鸡冠形成了强烈的对比，一看到，就被惊艳到了，我深深地喜欢上了这幅画。

从那之后，我开始反省：明明是自己不了解日本画，却只凭自己的喜好妄下论断。

尝试新事物，勇于挑战，会遇见未知的自己。

比如，吃不喜欢的食物。尽管以前不喜欢，可是长大之后有可能会喜欢呢。

做事也是同样的道理，很多事情都是"不做不知道，一做才明白"的。

试过之后，就算还是不行，但这种经历本身就是一种财富呀。因为，这可以丰富自己的认知，拓展我们的高段位能力。

挑战新的事情，可以"遇见未知的自己"，这正是高段位的关键所在。

请采取以下行动：

偶尔尝试做自己不感兴趣的事情。

接受邀约，跟别人一起出去玩耍。

三人行，必有我师。

30 锻炼自己的感性：
你的心思可以再细腻一些

　　每天，我们都是在大量的思考中生活的。如此繁忙，以至于我们遗忘了日常生活的各种乐趣。

　　但是，不管多忙，我们都应该记得"那个瞬间的心情"、"一闪而过的念头"，如果能用语言记录下来就更好了。

前人的文学作品中，很多都是日记。

《紫式部日记》、《蜻蛉日记日记》、《枕草子》……
读这些书的时候，会觉得没什么特别之处嘛。

但，正是这些"看月亮"、"清扫庭院"等平常的、
不值得一提的事情，才更能体现一个人感受力。

所以，关注这些"司空见惯"的事物，对人生来说，
是非常重要的。

并不是特别的事物，而是从每天的琐碎日常中，有
所发现。这才是"锻炼感性"的关键。

观察力、表现力、感受力，正是这些"感性"让我
们发现人生的深层意义，给我们的日常增添乐趣。

接待 VIP 客户的时候，对声音有着严格的要求。

正在讲话的客户，会被"咔"的开门声所打断，所以在开门的时候，需要盖上手帕以遮挡声音。这只是其一，还有很多非常细致的要求。

就连自己站起来的声音，都会出乎意料地影响到别人。

所以，如果能注意到走路的声音、放手袋的声音、就座的声音、关门的声音等琐碎的声音，才算是合格。

服装、表情、仪态等能看见的自不必说，声音、味道等眼睛看不见的部分更需要注意。

稍微转换一下话题。你最近哭过吗？

一滴眼泪只有 0.2 毫升，其主要成分是水，此外还有少量的蛋白质及盐分。

有意思的是，眼泪的成分跟浓度并不是一成不变的。受刺激的时候跟感动的时候所流的眼泪，因为感情的不同而有所不同。

可能有人会说"年龄越大，越不容易流眼泪"，但是，不只是痛苦、悲伤的时候才会流眼泪，快乐、喜悦的时候也可以因为感动而流泪。如此，可以感受各种不同的情感，才是高段位的成熟之举。

看电影的时候，能够体会到影像深处的含义；读书的时候，可以理解文字背后的深意；听音乐的时候，能够听出弦外之音。这些就像明白别人的言外之意、读懂他的表情、体谅他的心思一样，都是可以流泪的。

只有深刻感受，才会留下泪水。

　　不是吹毛求疵，而是通过感受细微的事物以增强自己的感受度。如此"锻炼感性"，才能有细腻的感受，才能增添身为大人的魅力，才能往高段位靠拢。

　　从日常中发现、观察各种事物，体谅人的心情，如此才能"锻炼感性"。

　　请采取以下行动：

　　重新读以前读过的小说，重新观赏看过的电影。

　　不仅关注可以看到的，更要在意声音、气味等看不见的事物。

　　发现周围的不可思议之处。

PART SEVEN

反思自己的价值观

31 与自卑相处：
不要因为过度比较而没有自信

现代是个很容易比较的时代。即使与五十年前相比，休闲场所、工具、恋爱对象、工作场所等也都有了更多的选择。

有选择是一种自由。但是，随之而来的，是各种"标准"的诞生，结果，人们愈发没有自信了。

我在教授讲话方法的时候，发现很多人因为自己不会讲话而感到自卑。

但是，跟这些人交谈后才发现：他们讲话讲得很好，日常交流完全没有障碍。

但是，他们却认为自己不会讲话，因而感到自卑。

相信很多人都会有类似的情况吧。

如果要问为什么会有这种烦恼，并因此而自卑的话，一种可能是，看到别人就认为"那个人很幸福的样子，真让人羡慕啊"，或者是"那个人看起来完全没有烦恼的样子"。

虽然明白这是不可能的，但怎么也摆脱不了这样的想法。

所以，比较的结果，就会认为自己是个"很普通的人"。不跟他人比较，完全不在意，一般人都做不到。当然，如果真的完全不在意的话，又会有别的问题了。

所以，问题的关键不在于"因为过于在意他人、社会的评价而烦恼"——在意是肯定的，这是一种普遍的社会心理，而是要懂得区分"什么是需要在意的"与"什么是不能让别人在意的"。

数年前，我朋友当时的男友跟她说："虽然是按照自己的心愿选择的工作，但有时候也会怀疑这份工作是不是真的有自己期待中那样好。"

我朋友是这样回答的："并不是所有的工作都适合自己，但我认为现在的公司跟你很有缘分，你的选择没有问题，在我看来，你非常适合这份工作。"

男友听了这样的话，说："你能如此体谅我，我真是太感动了，我想和你一直在一起。"然后就求婚了。

如此，我很期待大家都被别人肯定地告知"你的人生很棒呀"。

指摘、批评别人是一件很容易的事情，我们都喜欢自己被肯定，而不喜欢被指摘、被批评。

比如说，即使自己有很严重的自卑心理，也绝不批评别人有自卑心理。

比较不是坏事，关键是分清应该比较跟不应该比较的事情。

请采取以下行动：

不要因为过分比较而烦恼。

过分比较的时候，要想想没有比较的时候。

面对烦恼的人，首先要做的是"肯定对方"。

32 金钱的使用方法：
会花钱比会赚钱更重要

很要好的一位女经理跟我说："我绝对不会去特卖场买衣服。"

"在特卖场买的衣服，与其说是因为非常喜欢，不如说是因为特别实惠。但是即便买了再多实惠的衣服，由于不是自己中意的而经常闲置，也是一种浪费。"

这位女经理会在新装上市的时候，将自己中意的衣服悉数购入，然后在当季穿。

"这样，每天都会穿着自己喜欢的衣服，感觉棒极了。"

"说不定会用"、"也许会用的"的商品，都不要买。如此，我也具备了"将钱花在自己喜欢的物品"上的能力，于是感到"花钱，真的能体现一个人的性格"。

著名日本女足选手泽穗希说："为了买金钱买不到的东西。"

在生存的基础之上，为了实现自己的梦想、目标，金钱都是必要的，所以储蓄很重要。

但是，如果只是一味地存钱，就很没意思了。所以，精彩人生的关键在于如何使用金钱，所以重新确定金钱花在哪里是很有必要的。

"现在刚好是最高点"，"即使留不下什么，但依旧会时时记起"，有这种感觉和心情的时候，我才会花钱。

当然，有人会为了"留下什么"而花钱。

想法因人而异，没有绝对的好坏之分。

当然，买东西也是花钱的一种途径。

曾经读到过这样一句话，"购买大件物品的时候，就会认为是考验自己的时候到了"，很有意思的想法。

因为选择很多，所以要选定一种的时候，需要想想"自己最看重的是什么"，确定自己不会反悔之后，就可以花钱了。

我非常喜欢的一句话是这样说的，"美好的人，可以改变物品的价值"。

能让买来的物品体现出比定价还要高几倍乃至几十倍的美好，才是买东西的本质。

自身与美好的物品相得益彰，才是最棒的。

选择什么，坚持什么，金钱的使用方式正是人的生活方式。

请采取以下行动：

重新审视自己是如何花钱的。

不要随意花钱，要明确自己的花钱准则。

为"意料之外"准备金钱。

33 征集建议:
不要只听一面之词

人的一生，需要面对很多"不想考虑，不想面对，希望能往后延宕"的事情，如结婚、孩子、家庭、年老、最后的时日等。

但是，这些都是早晚必须面对的事情。

"那就等到了那个时候再说好了"，相信很多人会这样想。但不能这样，因为我们需要花时间认真考虑这些事情，并从中重新认识自己。

我的保险证里面，有一张"器官捐献卡片"。

请从中选择一项画上圆圈：

1. 在脑死亡后，捐献器官。

2. 只有心脏停止跳动之后才捐献器官。

3. 不捐献器官。

请在同意捐献的器官上面画圆圈，不同意的画叉号：

心脏

肺

肝脏

肾脏

胰脏

小肠

眼球

　　需要明确决断自己人生的时候，有太多的事情需要我们认真去思考。

　　当然有些事情可以无视、不加思考地过去，但就算在这样的事情中，也存在一些"不能就这样"的事情。

一位公司的董事长说过这样的话："因为父亲、兄长的早逝，关于家族的很多事情，我并不了解。如果我有个什么万一，孩子们将如何了解我这个父亲，如何理解我们之间的关系？基于这样的考虑，我开始使用FaceBook。"

因为家族早亡，这位董事长说："好好想想说过的话、听到的话，认真对待所做的每一件事，就会明白活着的意义。"

正因为不想面对那些棘手的事情，所以才要在平常的日子里认真思考，及早做准备。

不然，当需要做决定的时候，就会出现"因为不了解，所以无法决断"的问题。特别是政治、疾病、法律等复杂的问题，如果只是通过看电视或者是网上浏览一下就做判断的话，是很危险的。

任何事情，都有表面跟内里的双面，也有赞成跟反对的两种态度。

即使是"坚持自己的意见"，也需要深刻理解相反的意见。如果不能理解相反的意见，那么就只是感情用事的争执罢了。

一位六十多岁的女士说："以前，女性是没有选举权的。为了这一票的选举权，不知有多少人做出了多少努力。不投票的人，是无法理解这一票的分量的。"

任何事情，如果从历史的角度考察其意义的话，之前的想法是会发生很大变化的。

做判断的时候，不要只听一面之词，需要在综合多方意见的基础之上做出选择。这才是所谓的"意思决定"。

请采取以下措施：

如果不能立刻做出决定，就需要认真思考。

不要感情用事地做决定，需要了解不同意见人的想法。

不要将自己的意见强加给别人。

34 保持平衡：
不要认为这个世界非黑即白

江国香织女士写过一本名叫《绵果子》的书。

这是一本儿童文学书，以小学六年级女生（中间变成了中学生）的视角来描写日常生活。

结尾处，女主人公在跟心仪的男大学生接吻。其中有一幕，男大学生递了一杯咖啡给女主人公。此时，作者是这样描写的："尽管看不见，但我看得出来咖啡是金色的。"

不用说，现实生活中的咖啡是黑色的。之所以会呈现金色，是为了表达女主人公当时的心情。

写到这里的时候，作者可能会想"咖啡是黑色的"，但"还是金色，感觉更棒"。

我认为，"长大成人"意味着"可以看见黑色"。

虽然有时候能够看到金色，但那只不过是幻觉罢了，是不真实的。

当然，如果"总是看见黑色"，是很没意思的。所以，偶尔"看见金色"也是好的。

无论是黑色，还是金色，都与"咖啡的正确颜色"无关，只是有时候需要"看见金色"，有时候需要明白"果然还是黑色"。

不管选择哪种颜色，不管用何种颜色表达当时的心情，这都是一种"大人的平衡感"。

我在担任料理课老师的时候，一位前辈这样说过。

"人生如同料理。盐放多了会呛口，这时来点儿味淋就好了。味噌放多了会太咸，这时可以用砂糖来中和。如此，不断地调整，就可以调出自己想要的味道。"

与人交往的时候，倾听别人不同意见与不让周围的声音干扰自己，都是必不可少的能力。也就是说，在合作中，既需要像领导一样保持决断力，也要为任何有需求的伙伴提供支援。

所谓"成为自己"，并不是说从出生那刻起就是了，而是在生活过程中不断铸造成的。

同样的道理，如果现在必须选择"自己喜欢的事情"，那么就算选择了也不是说从此就不能改变了。假以时日，在不断的调整中，总有一天会找到自己想要的。

另外，即使认为自己的想法是最好的，也不要将其强加于人。因为人生因"不同"而丰富，而精彩。

一位音乐家曾说过："乐谱上，无法断开的地方，正是音乐的魅力所在之处。"

不要"非黑即白"，在色彩的"层次"处，不仅有美丽，也有情思，更有人生的深意与趣味。

宽容与严苛，热情与冷静，不同的"自己"糅合在

一起，才是"人生"。

请采取以下行动：

任何时候都要倾听别人的意见，但不要囫囵吞枣。

不要过度热情，但时刻要保持待人的温和。

不要"非黑即白"。

35 接受不同：
多多理解他人的难处

国际公约（世界通用礼仪）之一是"尊重对方的国家文化"。

在巴黎餐厅用餐的时候，邻桌的女士跟我是同时落座的，但当我吃完的时候，她们还在一边喝餐前酒一边看菜单，足足两个小时，一直都在点餐。

日本人在意的是"立刻确定饭菜和饮品"。

一看菜单，马上点餐，马上上菜，马上吃，虽然我们日本人认为这样比较好，但欧洲人的乐趣却在点菜上，所以才会有餐前酒的文化。

像这样，日本与其他国家的思维方式及习惯都是不同的。

在国外的高级餐厅，会看见穿着随意的日本人在用餐。

但是，在国外，除了日本人，如果穿着随意地去吃西餐，会被认为是对店家的不尊重。所以，有些餐厅拒绝身穿T恤、牛仔裤的客人入内。

日本也有一些非常注重仪表的餐厅。入店的时候，服务生会轻轻地说一句："您是不是忘记打领带了呢？"
然后递上一条领带。

同样的场景，其他国家的的餐厅，有的会直接对客
人说"NO"，有的会为客人选一个不引人注目的位子。

如果需要进出这样的场合，那么我建议：男性穿一
件短外套，女性着装得体就可以了。

对于其他国家与日本的诸如此类的差别，不要去想
"为什么不能这样做"。

因为，对"高段位人士"而言，不是要问为什么，
而是要有接受这样的姿态。

比如说，日本人在初次见面时的礼仪。

从世界范围来看，礼仪是文化的重要一环，其中，握手是最常见的，此外还有拥抱与接吻。

有多少个国家，就会有多少种文化跟历史。尊重对方的文化跟历史，接受"不同"，是非常重要的。

曾经，一位留学生在我生日的时候，寄了一张贺卡给我。

当我收到的时候，信封上赫然写着"御灵前"（给亡人使用）。

究竟是祝贺，还是恶作剧呢？百思不得其解之后，我直接询问了那位学生。

他是这样回答："我跟店员询问信封的所在，店员将我带到放信封的角落，让我自行挑选。我刚来留学的时候，得到了大网老师非常细心的指导，所以我想选一个配得上您的优雅的信封。"

他认为银白色是优雅的颜色。

如果不是问他，我根本就不会了解他的一番心意。

我们总是习惯将自己的理解强加在别人的身上。

所以，当相同的事情发生的时候，因为思考方式的不同，每个人的理解与反应是不同的。

"不要认为别人跟自己的想法一样"，即使明白这个道理，时不时地也会想："为什么会有这样的想法？""怎么会变成这样？"

当立场不同的时候，相互理解是非常必要的。

即使不能100%地理解对方，也要接受对方的合理意见。

请采取以下行动：

旅行之前，了解关于目的地的常识。

入乡随俗。

不要讨厌"不同"。

PART EIGHT

迎接转机的方法

36 告别:
离别会让人成长

正如天下没有不散的宴席，人生处处是离别。

与恋人分手，从现在的公司换到一个新的单位，诸如此类都是离别。

离别，既有别人的原因，也有自己的决定。

真要离别的时候，不要拖拖拉拉地延宕不决，而要在讲清楚之后，干净利索地离开。

离别最让人讨厌的情况之一是不愿再见到对方。

有时候，因为离别来得太突然，会让人泪流不止。

前几年，一位挚友去世了，我陷入了有生以来的第一次大失落中。

虽然最后恢复过来了，但当时实在是不知道应该怎么办，于是一直渴盼着能抓住点什么，好让自己重新站起来。

也正是在那段时间，我知道了"时间会解决一切"的真正含义。

所谓"时间会解决一切"，并不是说时间会让人淡忘悲伤，直至遗忘。而是面对伤痛的时候，时间给人以缓冲、接受的过程。假以时日，人的情绪会平复下来，这时就可以从容地面对。

我在一本书中看到过这样一句话："地球上，'不死'的生物是占绝大多数的，'会死'的生物是少数的。其中，因为衰老而死去的生物更是少之又少。"

如果从这个角度来看，"死亡"就是一件必须被尊重的事情。

高中时的英语老师——我的恩师，为我介绍了一位插画师。这位插画师说过一句话，让我至今铭记在心：

"我们生命中遇到的人中，有些人马上就离开了，但还有一些人会停留一会儿，在我们的心中留下足迹。于是我们变得跟以前不一样。"

离别不是归零，会有足迹留下。虽然足迹没有形状，但总会留下些什么。

所以说，离别会让人成长。

离别留下的足迹和经验会变成成长的能量，而这正是长大成人所必需的。

请采取以下行动：

不要憎恨、羡慕他人。

不管遇见什么，都要笑着面对，坚持到最后。

如果这次的离别让人讨厌，那么下次注意不要重蹈覆辙。

37 抓住机遇:
拼尽全力的人，运气都不会差

世人都说：运气、机会是在拼命努力的时候，突然出现的，所以并不是随随便便就能轻而易举地抓住的。

很多人之所以会否认"运气存在于实力之中"的说法，是因为在他们看来，"实力"跟"运气"中的幸运不能相提并论。

医学之父希波克拉底认为："喜悦、悲伤、快乐、痛苦等感受，都是在人的大脑中产生的。"

如果真是这样，那么在努力前进的时候，在脑海中勾画"自己很棒的样子"岂不是一种很好的做法？

如此姿态，既会让人自信起来，也会让人在机会来临的时候将其紧紧抓住。

"努力才会实现梦想"，也有这样的含义。

二十多岁的时候，我的脾气很不好，经常怒气冲天。尽管这样，我还是受到了公司经理的称赞——"注意力集中"。

"听注意事项的时候，如果情绪不佳，是很难听进去的。就连讲解的人也会想对方为什么情绪低落，什么时候能振作起来呢？但大网小姐不同，每次都是很认真地听讲并给予痛快的回应。就算情绪不高，也会让人觉得，她马上就能打起精神来。从交流的层面来说，大网小姐做得很好。"经理如是说。

这些话，让总是失败的我找回了自信。

就算是不想听的事情，也要在回应的时候引起对方的注意，提供合适的建议，这些都是体现自己价值观的事情。

另外，只有注意力集中才能很好地理解对方的意思。否则，就会漏掉重要的信息。

所以，在交流的时候，无论怎样"集中注意力"都是不过分的。

多年之后，回看当时，也会是"别有一番滋味在心头"。

如上所述，在需要注意的事情上，听的方式、理解的程度、发怒的情绪等都会有各种影响。

也就是说，当对方想讲十分事情的时候，自己需要展示十分的注意力才行。不然，对方只讲了两至三分的话，虽然只是谈话的一部分，但从长远来看，自己损失的是成长的机会。

当然，随着年龄的增长，你会发现能够聚精会神的人越来越少。

遭遇困境的时候，如果是以前，很容易就会听到"加油，坚持住"的声音，但现在很少了。不知不觉中，人们已经学会了"趋利避害"。

　　这样的时刻，需要我们重新审视自己的处事方法，需要做出改变。

　　不气馁，严肃，认真。当做梦都在想正在做的事情时，机会就会降临。

　　请采取以下行动：

　　不要悲观。

　　倾听别人的讲话。

　　不要害怕失败。

38 拥有自己的家：
你要有一个愿意回去的住所

因为丈夫工作的地点经常变动，所以我们每年都会搬家。

今年是结婚的第七年，我们已经搬过六次家了。

为了配合丈夫，自然不能选择我喜欢的地方。住过的地方中，有的距离我上班的公司往返需要四个小时，有的半个小时才会来一趟公交车。

鸭长明的《方丈记》中有这样一段话：

"鱼喜欢水。如果不是鱼，就不能理解鱼的想法；鸟向往山林，如果不是鸟，就不能明白鸟的心思。闲居的趣味，也是一样的道理。没有闲居的人，是不能体会的。"

推而广之，"如果是没有居住过的地方，就不能了解它的气息，不会懂得它的好"。

单身的时候，一直居住在市中心的我，因为喜欢便利，所以认为市中心才是最佳住处。但是，当搬到郊区之后，我才发现了郊区的好处，同时也发现自己居然如此喜欢亲近自然。

搬家，尽管不是自己期望的地方，但让自己有了发现新世界的机会，也让自己有了重新梳理爱好与追求的机会。

不管是日本，还是世界上其他国家，有很多关于"家"的民谣。

其中我最喜欢的一首是英格兰民谣——《快乐我家》（Home Sweet Home）（在影视剧中多次被使用，如《缅甸的竖琴》、《萤火虫之墓》、《怪怪的妻子》）。歌谣描述的是"一个破烂不堪的家"，但表达的是"这是我的家，所以是最好的，别人不可造次"的意思。

我对"家"怀有一种特殊的感情。

家不只是一个居住的空间，还是一个"想回去的地方"。所以，我一直在努力打造一个家人愿意回来的、温暖的家。

　　结婚典礼的前一天，一想到明天就结婚了，我变得焦躁起来，不知所措地在街上溜达。这时，母亲打来电话说："外边很冷的，快回家来。"

　　很平常的一句话，但当时却让我的心头一热。

　　我们不能要求别人如何迎接自己，但我们可以选择成为哪种迎接别人的人。

　　小时候，没有选择，只能是"被别人迎接"。但长大成人之后，自己有了选择，就可以决定迎接哪些人，对谁说"欢迎回来"。

　　小时候，总是扮演"归来"的角色，但长大之后，就可以说"欢迎回来"了。对我而言，这是身为大人的莫大的幸福。

家，只有住过才能明白它的好。新环境可以让人发现未知的自己与崭新的世界。

请采取以下行动：

要明白世界不仅仅是自己待过的地方，还有自己没去过的地方。

享受环境的变化。

建造一个想回去的家。

39 一起生活:
伴侣之间要相互体谅

婚姻生活中，我体会到"尊重爱人，尊重爱人周围的关系"是件很重要的事情。

一旦结婚，需要面对的就不只是自己周围的各种关系，还有爱人的家人、亲戚及工作中的领导、前辈、朋友等一干人等。

所以，不仅是爱人，连同其身边的人和事都要认真对待才是。

但是，这里的"认真对待"跟平常说的"为爱人做些什么"、"完全理解爱人"等有些许的差别。

比如说，爱人不想让别人知道的事情，即使是你也不行。如果是这样，那么还是不要询问的好，应该让爱人有自己的空间。

"不干涉"也是体贴的一种形式。

讲一件我刚结婚时遇到的事情。

一天晚上，丈夫直到凌晨才从医院回来。虽然他已经非常疲惫，需要立刻洗澡睡觉，但他还是担心会有来自医院的电话，所以他将电话交给我，说："如果有电话，马上告诉我。"

正如丈夫所想的那样，他刚进入浴室不到五分钟电话就来了。结果，丈夫湿着头发就赶去了医院。

早上五点的时候，丈夫回到家中，但一看就能发现他的情绪非常低落。

我以为可能是因为他的病人——连续很多天，丈夫都在全力以赴地救治的一个病人——去世了。

不知道说什么才好的我，只能说："今天很累吧，快休息吧。"

肯定是很累了，丈夫说了一句"是啊"，就上床休息了。

丈夫睡后，我开始清洗他的外套。在外套口袋里，我发现了一张便利店的购物小票。

从购物小票上我可以看出，早上四点的时候，丈夫买了一个不含糖的奶油蛋糕。

从医院出来到回家的这段时间里，丈夫都在想些什么呢？在寒冷的清晨，吃着奶油蛋糕的他会想些什么呢？这样想着，我突然感到了羞愧。

虽然当时我还不懂得如何迎接丈夫，如何安慰他，但暗下决心："一定不能让丈夫再独自面对这样的时刻。"

七年过去了，现在的我决定"微笑着温暖地迎接回家的丈夫"。

给丈夫一个随时可以安心回来的家，是我能做到的。

结婚，不是让两个人变得完全一样，而是彼此相互体谅地共同生活。

请采取以下行动：

看见家人的时候，说"欢迎回来"、"你回来啦"。

重视纪念日。

爱人不允许的事情，要思考其原因。

40 高段位人生：
永远充满激情地去生活

成为"高段位人士"，是需要一种觉悟的。

不管遇见多么糟糕的状况，都能做到"尽管如此，但依旧继续前行"。拥有了这样的心态，我们才是真正的"高段位人士"。

随着年龄的增长，人会优雅起来。所谓优雅，是一种"将不需要的事物去掉"的美好。

以前读书的时候，读到过这样的句子："看见美人的时候，对自己有要求的人会心中一动。因为那种优雅与美好是他所渴望的。"

优雅是从一个个动作、一件件小事中积累起来的。假以时日，整个人都会优雅起来，自带优雅的气质。

我非常喜欢的绘本之一是《蜘蛛的家》。

"人生就像蜘蛛结网一样，一件事、一件事累积起来，就形成了自己的历史。"

对此，我深有体会——虽然不得要领——人生不是按照预先的设想完成的。

我们会遇到让人火大的事情，但也会遇到开心的事。当你以为结束的时候，却会有重大的问题出现，也就是说会发生很多意外。

但这才是人生，才是成长啊！

现在的我认为，人生中最重要的事情是"成为跟自己在意的人共同生活、一起前进的人"。

"这是我的选择"，不只是说说而已，更要落到实处，让其成为自己的真实生活。

当然，舒适、悠闲也是人生的一种。

只是这样的人生，不能让自己激情满满，未免是一种损失。但只要是有趣的生活方式，稍微有些损失也是可以的。

不管有无损失，都要坚定信念，毫不动摇地按照自己的选择生活下去。不管走到哪里，不管遇见什么样的人，都能自信地应对。

这不是简单的事情，我总是想，自己什么时候才能成为这样的人呢？

不时审视自己的积累，不时因自己的成长而喜悦，在人生的最后时刻，因为"拼尽全力地、激情满满地生活过"而满足。

相信那时，我们都会流下幸福的泪水。

不自欺欺人，当拥有正视生活的觉悟时，才是真正开启了高段位人生。

请采取以下行动：

大声说出自己的愿望。

因年龄的增加而高兴。

查找还不够成熟的行为。

结语

与以前相比，现代人的寿命延长了。相应地，我们的人生及作为"大人"度过的时间都变长了。

二十岁迎接成人典礼，开始化妆，第一次去酒吧，穿正装，等等，都会因为感到"长大成人"而激动，会有一种无法形容的幸福感。

但是，随着年龄的增长，很多少年时代不必考虑的事情，也不得不面对了，这时就会强烈地感受到"身为大人"的压力与不易。

我们会发现，很多事情，即使自己竭尽全力，也依旧无法达成。如此，才会意识到，如果自己不成熟起来是不行的。

这样思考的时候，环顾四周，才发现很多五十岁、六十岁、七十岁，甚至八十岁的人都拥有高段位的人生，他们不断地接受挑战，在一次次的突破中享受着生活。

看见这样的高段位人士，我才明白高段位人生的真正含义。

高段位人生并不会因为各种约束、规矩而痛苦，而是以高段位的思考方式、价值观去生活，在不断的自我挑战中体会人生的乐趣。

当然，这不是一件容易的事情。

因为会遇到令人悲伤、迷茫乃至进退维谷的事情。

尽管这样，努力往高段位进阶的我们，如果不能活出自己的样子是万万不行的。

在写这本书的时候，这种想法愈发强烈。

最后，我要向为本书提供帮助的所有人，表示最诚挚的谢意。

大网理纱